中国建筑史

中国史略丛刊

乐嘉藻［著］

图书在版编目（CIP）数据

中国建筑史 / 乐嘉藻著. -- 北京：中国书籍出版社, 2022.1

ISBN 978-7-5068-8763-2

Ⅰ. ①中… Ⅱ. ①乐… Ⅲ. ①建筑史—中国Ⅳ. ①TU-092

中国版本图书馆CIP数据核字(2021)第215547号

中国建筑史

乐嘉藻　著

策划编辑　牛　超
责任编辑　马丽雅
责任印制　孙马飞　马　芝
封面设计　东方美迪
出版发行　中国书籍出版社
地　　址　北京市丰台区三路居路 97 号（邮编：100073）
电　　话　（010）52257143（总编室）　（010）52257140（发行部）
电子邮箱　eo@chinabp.com.cn
经　　销　全国新华书店
印　　刷　中煤（北京）印务有限公司
开　　本　880毫米×1230毫米　1/32
字　　数　143千字
印　　张　6.375
版　　次　2022 年 1 月第 1 版
印　　次　2022 年 1 月第 1 次印刷
书　　号　ISBN 978-7-5068-8763-2
定　　价　50.00 元

目 录

绪论

人类自野蛮时代，既有居宅。而建筑学之成立，必在文明进步之后。建筑史者，又建筑学中之一部分者也。中国自古无是学，亦无是史，而有记宫室名称与工程之书，皆关于一时之记载，无以窥本国建筑之大意，至《长物志》《笠翁偶集》等，则仅为一部分之研究。嘉藻自成童之年，即留心建筑上之得失，触处所见，觉其合者十之三四，不合者十之六七，常思所以改善之道，然每于图画中见欧人之建筑，则又未尝不服其斟酌之尽善也。二十以后，则好为改善之计划。为之既久，积稿盈箧笥，初不知何事需此，但为之而不厌，亦未尝举以示人。如是者，又二十余年。民国以来，往来京津，始知世界研究建筑，亦可成一种学问。偶取其书读之，则其中亦有论及我国建筑之处，终觉情形隔膜，未能得我真相。民国四年（1915 年），至美国旧金山，参观巴拿马赛会，因政府馆之建筑，无建筑学家为之计划，未能发挥其固有之精神，而潦草窳败之处，又时招外人之讥笑，致使觉本国建筑学之整理，为不可缓之事。自念生性即喜为此，或亦可以尽一部分之力。于是以意创为研究之法，先从预备材料人手，如建筑物之观察，图画、印片、照片之收集；次则求之于简编，在经部如《三礼图宫室考》等，在史部，如杂史地志等，子部如类书小说等，集部则各家专集，亦间有涉及者。随时所得，分类存之，如是者又数十年。民国十八年（1929 年），自计已年逾六十矣，始取零星散稿，着手整理，而精力衰减，屡作屡辍。三年以来，仅存历史两编，诚恐精力愈退，稿本未定。他人代为，更非易事。爰取既成两编，加以修正，附以杂文，付之梓人。中国建筑，与欧洲建筑不同，其分类之法亦异。欧洲宅舍，无论间数多少，皆集合而成一体。中国者，则由三间、五间之平屋，合为三合、四合之院落，再由两院、三院，合为一所大宅。此布置之不同也。欧洲建筑，分宫室、寺院、民居等，以其各有特殊之结构也。中国则自天子下至庶人，旁及宗教之寺庙，皆由三间、五间之平屋合成，有繁简大小之差异，而无特殊之结构。而平屋之外，有台、楼、阁、亭等，与平屋形式迥异，亦属尽人可用，此实用上之不同也。

本书上编就形式上分类：曰平屋、曰台、曰楼、曰阁、曰亭、曰轩、曰塔、曰坊、曰桥、曰门、曰屋盖、曰斗拱；下编仿欧人就用途上分类：曰城市、曰宫殿、曰明堂、曰园林、曰庙、寺、观。此编之中，亦包有上编之各种在内。关于建筑之杂文，则为附编。关于建筑各方面之研究，残稿零星，将来是否更能整理就绪，未可知也。

其初预定之计划，本以实物观察为主要，而室家累人，游历之费无出。故除旧京之外，各省调查，直付梦想。幸生当斯世，照相与印刷业之发达，风景片中不少建筑物，故虽不出都市，而尚可求之纸面。惟合之简编之所得，凭藉终嫌太薄，故以十余年来之辛苦，仅能得种种概念，至欲竖古横今以求一精确之结论，则未能也。

前两编中上编为各类建筑物，兹先略述其要点，以助识别：

一、平屋

普通居处之建筑物，皆名之曰“平屋”，其制由间、架两者结合而成。由梁、柱构成曰“架”，两架对立，以栋桁之属联合之曰“间”，一间必两架。此外，每增一间，必增一架，架数常较间数多其一。如两间者必三架，十一间者必十二架也。最普通者为三间，其一间两间者较少。多者五间，其七间亦较少。至九间以上，则旧日因体制之关系，普通人不能用矣。四间、六间、八间亦甚少见。

北方普通民居，皆一层之平屋，南方则为两层之平屋。北、南平屋，间有不用木架而用砖墙者，此又一式也。

平屋之利用极广，帝王之居曰“宫”、曰“殿”；士绅之居曰“堂”、曰“厅”、曰“厢”；文士之居曰“斋”、曰“馆”、曰“庵”、曰“龛”、曰“书室”、曰“精舍”、曰“山房”，实际皆平屋也，但因其财力、气习之不同，而材料装饰上，有大小、华朴、雅俗之异耳（图 1）。

图 1

二、台

积土而高者曰“台”，今则大抵砌之以砌或垒之以石矣，以平顶而上无建筑物者为限（图 2）。

图 2

三、楼观

台上有建筑物者，初曰“榭”、曰“观”，后名曰“楼”。如各城楼、角楼及钟楼、鼓楼等皆是也（图 3）。

图 3

图 4

四、阁

两层以上之建筑为“阁”。后人误名为“楼”，今仍用阁之名。如太和殿前之体仁、弘义两阁；文华殿后之文渊阁；西六宫西之雨花阁皆是。而一层之附属于平屋之侧，强名之曰阁子者，不与焉（图 4）。

五、亭

独立一间之建筑曰“亭”。其平面多为各等边形，周围有檐，中集高顶，虽间有不合于此者，然甚少矣。若两层以上者，则为阁(图 5)。

图 5

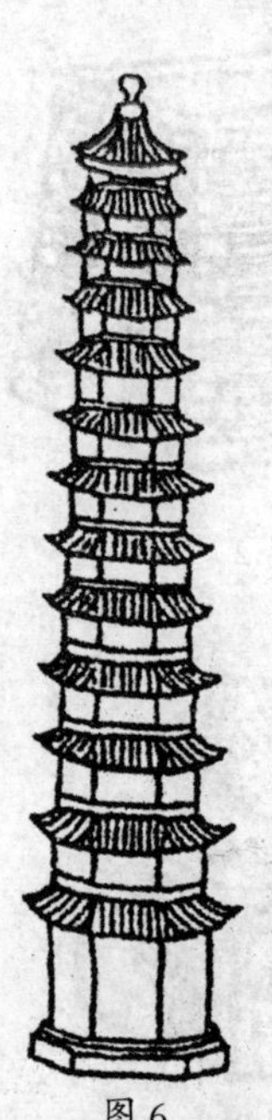

图 6

六、轩

轩原为殿堂前后之附属建筑，其形式与平屋大同小异。

七、塔

塔为印度佛墓上之装饰物，其后僧墓亦用此名，随佛教而入中国，尽人能识（图 6）。

八、桥

跨水为道之建筑，其初名梁，今皆名之曰桥（图 7）。

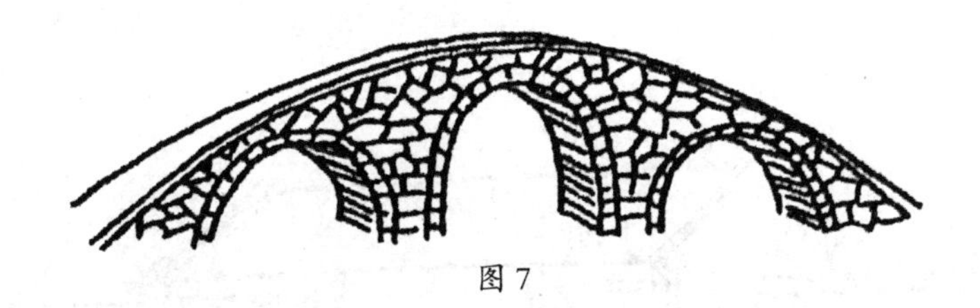

图 7

九、坊

言坊行表，其来甚久，其初不过一木一石，今则多有跨道为门式者，俗称牌坊。又祠庙中之棂星门，亦属于此（图 8）。

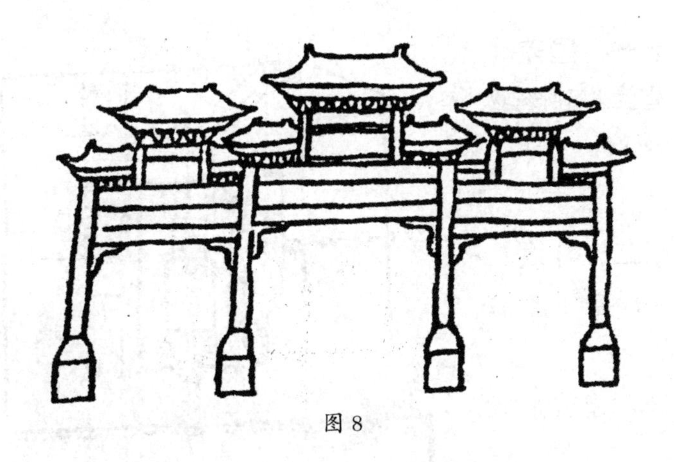

图 8

十、门

此所谓门，指具有独立形式者而言，分墙门、屋门两种。墙门如城门、关门及古之库门、雉门、皋门、应门（观阙之制）、衡门；今之车门、篱门等。屋门如古之寝门等。寻常大门，为三、五间平屋中之一间所成者，不属于此（图9），以其无独立形式也。至于一堂、一室所具之门户，仅由门框、门扇而成者，则属于部分名词之内。

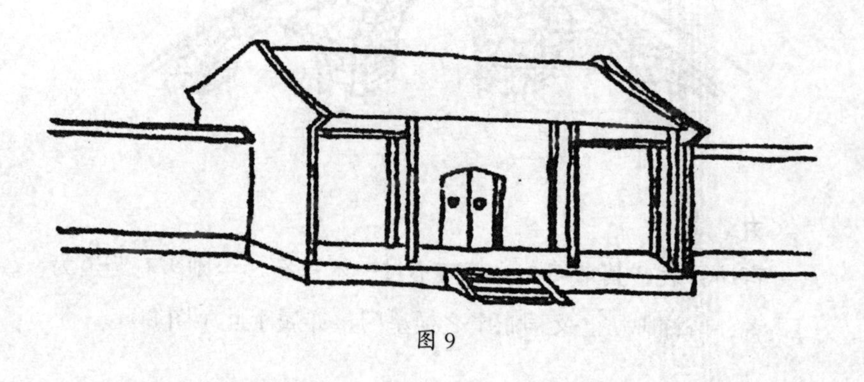

图9

十一、屋盖

屋盖为建筑物之上部分。

十二、斗拱

为屋盖下附属品。

以上皆就形式分类。

十三、城市

明清时北京城，如图10。

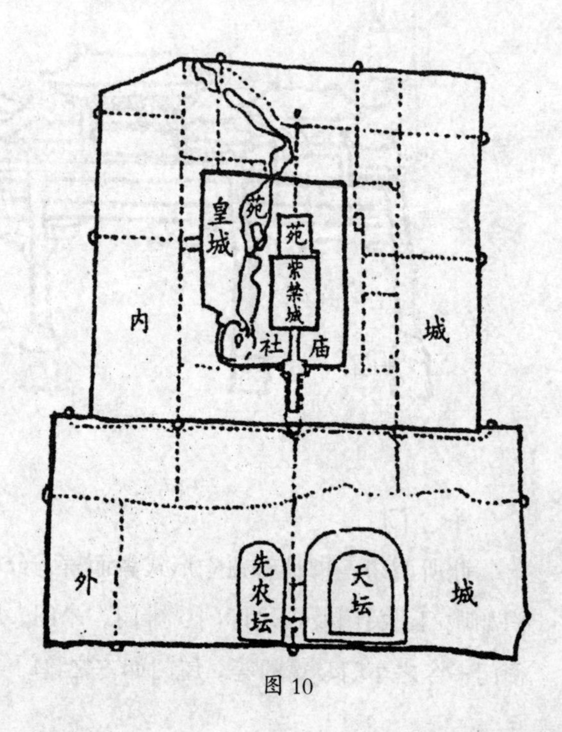

图10

十四、宫室

限于帝王居，图 11 为北京明清故宫紫禁城。

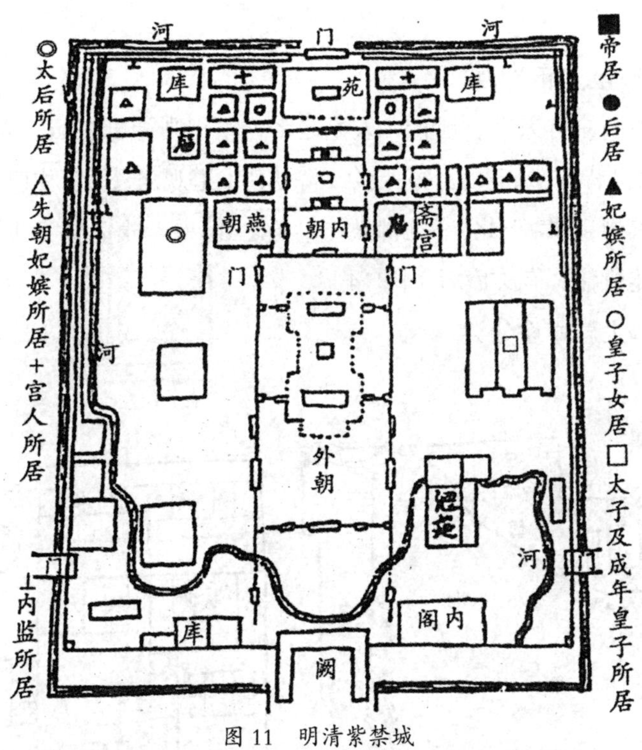

图 11　明清紫禁城

十五、明堂

明堂为古代宫殿之一种（图 12）。

十六、园林

园林多以平屋为主要，以台楼、阁、亭等为点缀，又予

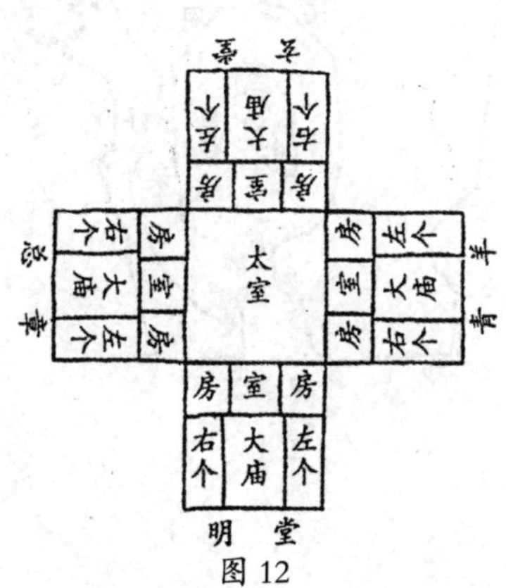

图 12

建筑物之外多留余地，造作高山、平池、奇石、幽径等，以为游乐之所（图 13）。

十七、庙寺观

中国原有天神、地祇、人鬼之名，祭祀则神祇在坛，人鬼在庙，后世皆统于庙矣。今之定名，除佛寺、道观之外，皆称曰庙矣。各姓家祠，亦属于此。寺为佛教徒奉祀之处，观为道教徒奉祀之处，女教徒所住，有称庵者（图 14）。

以上就用途分类。

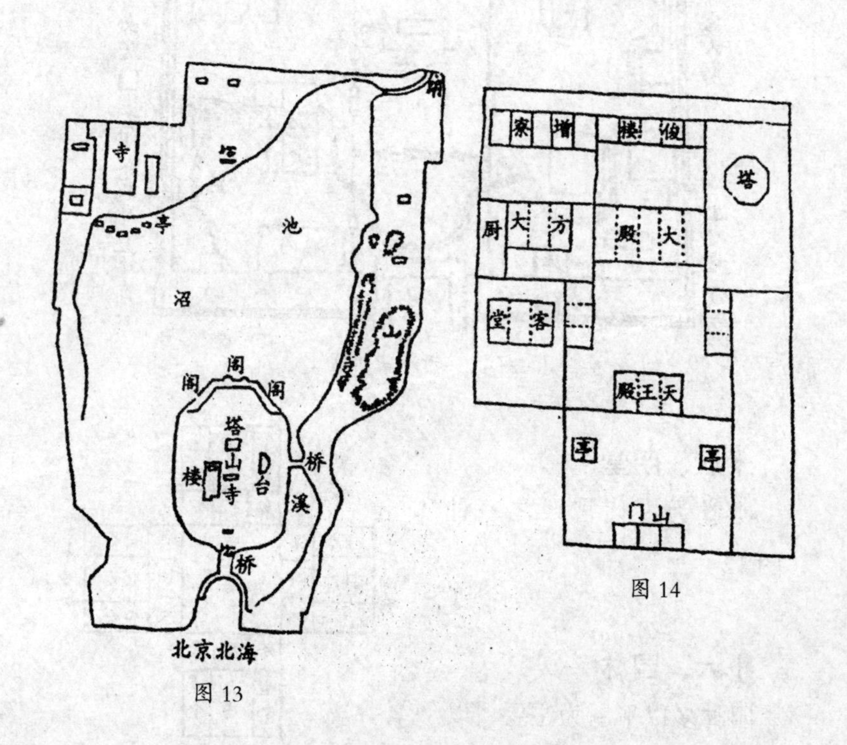

图 13

图 14

【第一章】平屋

居处问题，本于生活之必要，最初为穴居野处，由此而进为宫室之制。其后，因受巢居之影响，而有两层之制，由此两式，直至于今，为中国人居处主要建筑，今皆名之曰平屋。

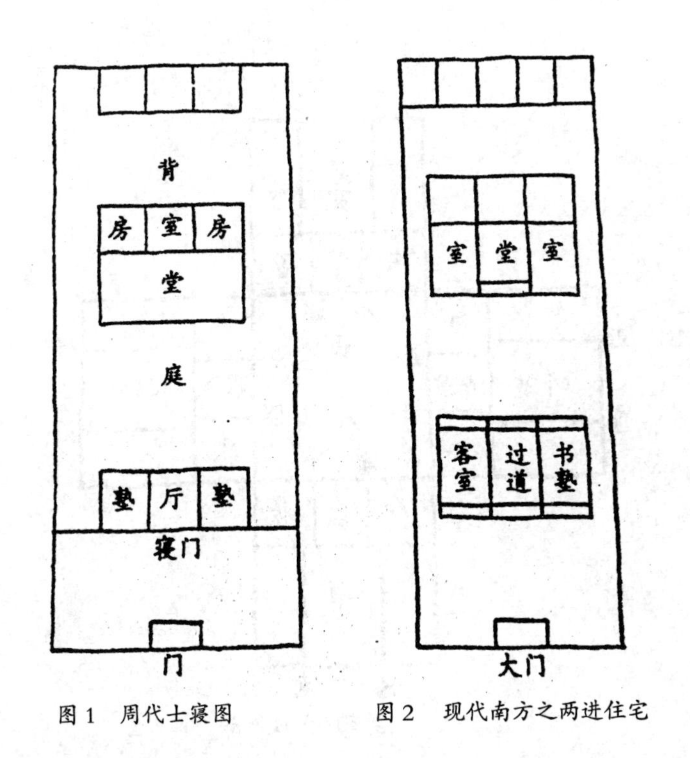

图 1 周代士寝图

图 2 现代南方之两进住宅

普通居宅，皆用平屋，前既言之，中人最富于保守性质，即就居宅而论，古代居宅形式之可考者，与今日所有形式比较，知其变动甚也。周代士寝与现代南方两进住宅，其相似之点，尤为显著（图 1、2）。

中国自周以后，直至于今，政治、社会，多承周制，故建筑物形式之可考者，亦止于周，再上则仅可就文字上考之。

以有秦、汉、唐、明盛治，其在建筑上，亦有不同之处。夏商时代之皇居，多为集中四向之式，如王静安所考定之明堂、庙寝诸图（图 3）。至周代则为左右对称之式，如上图 1，亦即今世所用者也。

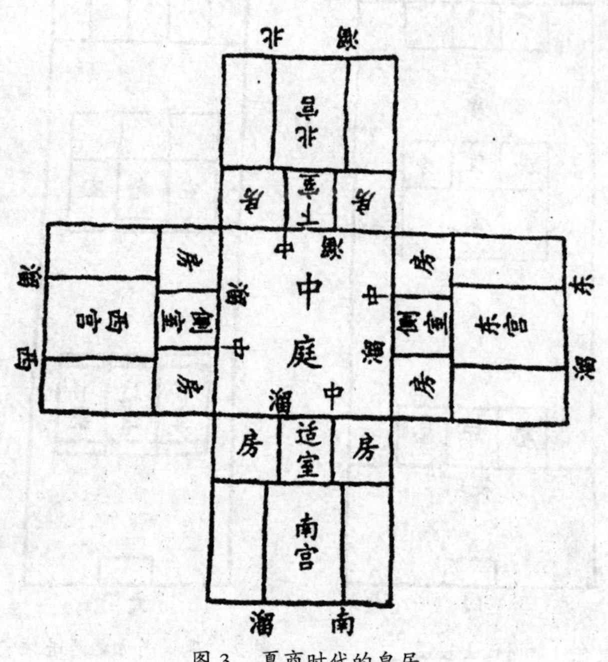

图 3　夏商时代的皇居

北方诸地，自古为游牧区域，汉族在北方时，亦为游牧种族，但至黄河流域以后，因其土地适于耕种，遂变为农业社会。《周易》曰：“上古穴居而野处，后世圣人易之以宫室。”穴居者需平原附近有丘陵之处，若纯为平地，则只能野处。今国内犹存此种习俗，黄河南岸，尚有穴居（图 4）。各处垦荒之区，尚有野处之棚（图 5）。此种情形，原为北方所应有，迨其南迁之后，乃渐变为耕农，于是居处问题，亦渐由穴居野处而变为宫室。《礼记》曰：“儒有一亩之宫，环堵之室。”所谓宫者，院墙以内之一片空地。所谓室者，即建于空地之上（古文宫字，即像此形“宫”，其三面之墙，中两方形，则两环堵之室也）。堵者土墙，凡筑墙者，先需规定墙基，然后以长方无底之木匣，置于基上，填土其中而筑实之，然后拆去木匣，其筑实之土留于基上，是名一板，十板为堵，集堵而为墙，故墙亦曰堵，四面皆墙，故为环堵。此环堵之室，即由穴居变化而来，盖四面皆土墙，此与居于穴中无异，故环堵者，即地面之土穴也。然无上顶，则无以蔽风雨，故加屋其上，而室乃形成。屋宇在今日，用为一所建筑物之名，然在最古之时，则专指屋顶也。再推而上之，至于尚在北方之时，即今日之所谓幄。幄者，幕也，亦即今日蒙古人所用之行帐。此制由野处而来，盖野处者不能露宿，于是有

图 4

行帐之制。其最单简者，但用两片编系之物，相倚而成人字之形，其物轻便，可以移徙，故游牧时代适用之。今既变为耕农，则以安土重迁，无需移动。而农业社会，有牲畜、农具之保护，及谷物之存积，而田畴皆在平衍之地，故至此时，土穴、行帐，皆不适用，乃变为宫室之制。即仿土穴之式，制为环堵；又用行帐式之物，加于环堵之上，而人乃可安居。故屋顶人字之式，可谓由野处变化而来者也。至于南迁之时代，则应在黄帝之世。

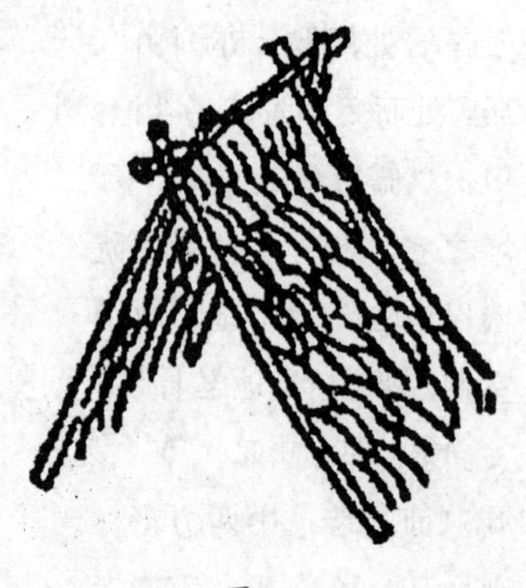

图 5

黄帝所统，本为游牧部落，南下略取黄河之地。蚩尤一役，最后之成功也。《黄帝内传》有曰：帝斩蚩尤，因建宫室。果为游牧人种，自不应有宫室，此以押蚩尤建宫室连为一事，犹言战胜之后，始得今日中国北方之地，以奠厥居也。考汉族在中国之痕迹，皆自北向南而展进。土人则自北向南而缩退。蚩尤者，土人之代表也。此可因民族之移动，而推想古代建筑变迁之原因也。

一亩之宫，环堵之室，可谓为中国建筑物最初之形式。其后，社会日渐繁荣，所有建筑，自必渐趋复杂，故至周时，士之所居，已有如上（图 1）

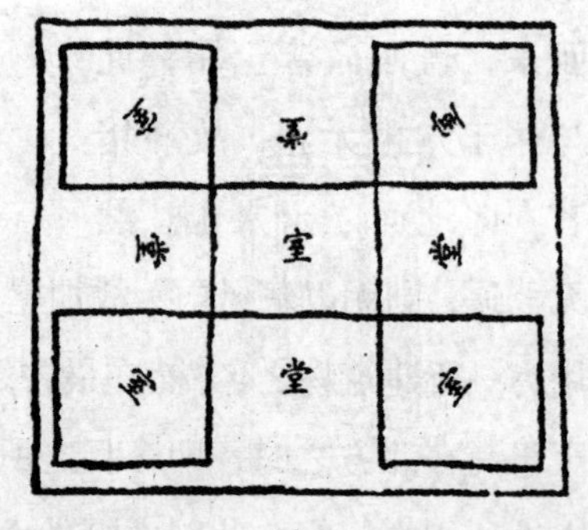

图 6

之所示者。此图中尤有可注意者，则左右对称之形式也，此种形式，在中国极为普通。无论何时，无谓何地，且无论何种事物，皆具有此种精神。考其源流，应始于周。前谓古文“宫”字，像宫室之形，此周代金文也。推而上之，若殷墟文字中之“宫”字，则有做㝑形者，可见其随意布置，不一定用对称式。而夏之世室、商之重屋（图6），又皆集中四向，不必左右平列。直至周代，上之帝后之居，下之士寝（如上图1），皆左右对称，层层加进。则谓此种形式，由周之旧习而来，较有根据也。周自代商之后，此种形式，自必推行全国，成为风气。中叶以后，随中国文化达于江南。至秦以后，则达于岭外南交，故至于今日，南方士族所居，尚有如上图2之所示者。可以与上之图1对照，而得我国古今同异之比较。

又古称有巢氏构木为巢，似中国历史中应有一巢居时代。然遍考古籍，及今日北方，皆无巢居之痕迹（成汤放桀于南巢，即今巢县地，已在长江流域），窃谓此殆周以后之言也。居宅之近似于巢者，惟南方水乡有之。今南洋土人尚存此制（图7）。大

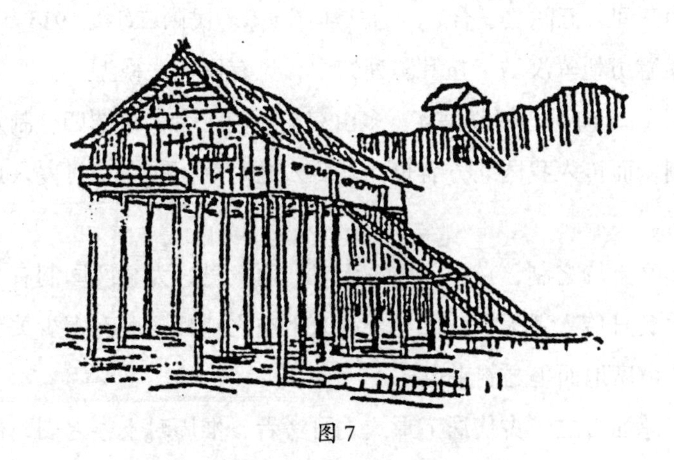

图7

江南北，濒水而居之人家，一面附于涯岸，一面则以甚长之木柱支于水际（湖南人谓之吊脚楼），此者可谓有巢氏之遗风（图 8），但皆非北方所宜有。其所以有有巢氏之一说者，大抵因周时文化及于江南。楚及吴越，代兴迭盛，与中原之交通，亦甚频繁，此实吴楚之风，入于北人之耳目中，变为一种传说，经过悠久时间，遂忘其为南为北矣。然今日南方民居，多为两层，未尝非受此事之影响。故有巢氏之痕迹，不见于北方，而可谓尚留于南方也。

图 8

今日北方住宅之组织，与上文之图 2 亦不甚似。最通行者，乃为三间、五间之三合、四合式（图 9）。民国二年（1913 年），嘉藻游历朝鲜汉城，在其陈列馆中，见有民宅之模型，亦为四合之制（图 10）。朝鲜民族，多由东胡而南下者，窃谓四合制乃东胡制，而传入我国北方者也。其传入之时期，应在契丹侵入燕云之时。

又土炕之制，在中国往古无考，而契丹、大金两国制有之，则由契丹传入者无疑。此与今鲜人下空之地板，应有多少关系，盖皆由席地而坐之制来也。

总而言之，古代居宅形式之可考者，惟周时士寝之图，最为

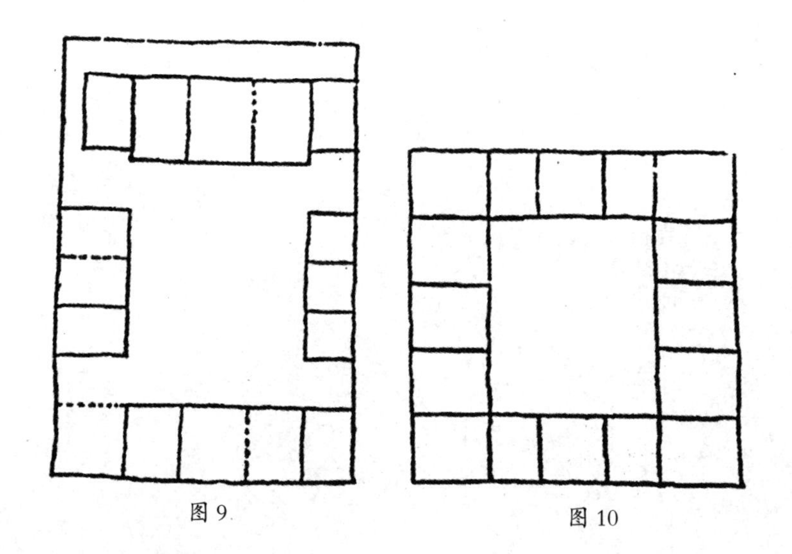

图 9　　图 10

详备。此在当时为普通之制，因文化之传播，而遍行之南北。但南方因竹木樵薪之便，已不用土，而用砖与木材。又因受巢居影响，而有两层之制。惟各部分相互之间，尚存周时士寝之遗意。至北方亦因经济之发展，亦多以砖代土墙，惟森林不茂，故用木材较少耳。而各部分相互之间，已不甚合于古代，而多用中古以后由东胡传来四合之制矣。然由三间、五间而成一种左右对称之习惯，则南北皆同。此为中国建筑史上之特点也。

【第二章】

台

社会日渐繁荣，人之欲望亦日增，故于安居之外，更思有游观之乐，登高望远，亦游乐之一法也。北方一层之建筑，最不便于远观，故于住宅之外，又思有其他土木之兴作。最先发现者即为台。盖人之欲望虽盛，亦需借技术之进步，始能达其目的。今日楼阁之制，普通工匠能之，然在三代以前，父老相传，即无此种技术，则虽有人欲得之，亦将无人能造之。惟台之制，仅由积土而成，所需之知识有限，而已可以供远观之用。关于游观之建筑，在古书中，其可信者惟台之一式最早。《山海经》有轩辕台、帝尧台、帝舜台；夏有璿台、钧台；殷有鹿台、南单台；周初有灵台，其后见于周代各书中者，不可胜举。《五经异义》曰："天子有三台，灵台以观天象，时台以观四时施化，囿台以观鸟兽鱼鳖。"司马彪《续汉书》曰："灵台者，周之所造，图书、术籍、珍玩、宝怪，皆所藏也。"此台之得利用也。《说苑》曰："楚庄王建五仞之台。"《尸子》曰："瑶台九累，此台之大者也。"《国语》曰："庄王为匏居之台，高不过望国气，大不过容宴豆，此台之小者也。"然所称卫人造九层之台，三年而不成，致全国为之困弊，而谏臣至有垒卵之喻。则即就此简单之工程而言，其技术之有限，亦可想而知矣！

【第三章】

楼观

继台而兴者为楼。楼者，台上之建物也。其本名曰榭、曰观（参见）。人之欲望原无止境，即有台以供登眺，又思于登眺之时，不受炎日与风雨之来袭，故榭与观之继起，亦自然之势。两字屡见于周代各书，而较台字稍后。《尔雅》曰："四方而高曰台，狭而修曲曰楼。"《说文》曰："榭，台有屋也。"以势揣之，台上之面积有限，既已有榭，何能再容此斜修之物。窃意：此所谓楼者，乃台上及梯级上之廊也。此式今颐和园中佛香阁及排云殿后皆有之，在佛香阁前及两侧者，可以谓之修而曲；在排云殿后者，可以谓之斜。故楼本台、廊之名，台上之屋，本名曰榭或观。然自汉以后，榭观两字皆废不用，而代以楼字。以后又用榭字以名他种建物，用观字以名道士祠神之处，而台上之建物，乃专用楼矣。

观字本训视，书益稷，"余欲观古人之象是也"。又训示，易观卦，大观在上是也。

以观为建筑物之名，当始于周。《三辅黄图》曰："周置两观以表宫门，登之可以远观，故谓之观。"《左传》"僖五年，公既视朔，遂登观台。"《礼记·礼运》"昔者仲尼与于蜡宾，事毕出游于观之上。"皆是也。《左传》观台之注曰："台上构屋，可以远观。"《尔雅》释宫曰："观谓之阙。"注："宫门双阙，因其为台上之建物，故谓之观"。又因双阙亦为此制，故至汉时有阙有观，度其在形式上无分别，而在名称上观、阙、楼、台四字，亦可互通。如井干楼又名井干台是也。《史记》汉武帝因方士之言，谓仙人好楼居，于是于长安作"蜚廉观""桂观"，于甘泉作"益寿观""延寿观"，使公孙卿持节设具而候神人。需要者为楼，而供给者为观。可见楼之与观，亦无分别也。至观与阙之词为一物，则上文具言之矣。

井干楼又名井干台，凡台皆积土石而成，此台乃积木而成，古人记此台之结构，特别郑重，然因无图证明，故读者每不易深解。张平子《西京赋》曰："井干叠而百层"。《关中记》曰："井干台高五十丈，积木为楼。"言筑垒方木，转相交架如井干。《长安志》曰："井干楼，积木而高为楼，若井干之形也。"井干者，井上之木栏也，其或四角或八角。按：此言楼、井干楼之制，皆甚明晰。尝考井字之由来，盖即井干之象形也。井干，今名井口，北方地质多沙井，掘土稍深，井口极易崩陷，此在南方，则甃以砖石，北方不易得此，则以木交架成井字形，以为井口。故井字者，即由此井口之形式而来也。图1，此为四角形，稍复杂者，亦可构成八角形。此已可以护持井旁沙土，使之不易崩陷，若再如式叠而高之，亦可作井栏之用，故《长安志》以为井上木栏也。台之初期，本由积土而成，然其势不能甚高，斜度亦不能太大，著欲作甚高之台，其纵面又求其壁立，则非用木不可，曰积曰叠，则可知此台之造法，

图1　孙伯桓藏陶井模型

系以等大等长之方木，以两木为一层，纵横叠积，由其两端相压，而空其中心也，此即井干之结构。若再层累而积之，其势自可以甚高（图2、3）。《西京赋》曰："井干叠而百层"，假定每木

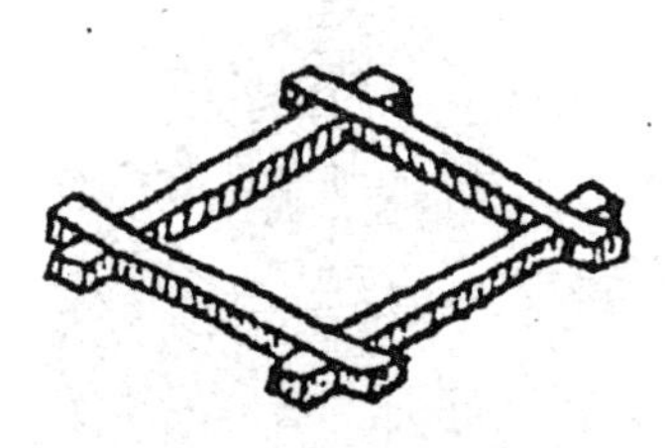
图 2 井干之结构

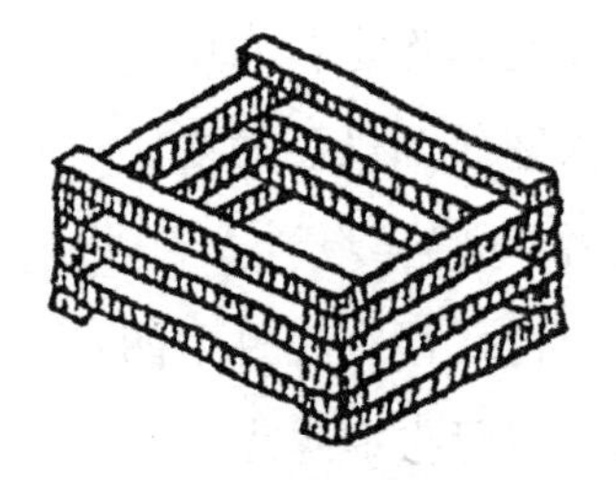
图 3 层累之井干

两端径各二尺，百层亦可至二十丈，三尺亦可至三十丈。在西汉时，北方森林尚未伐尽，三尺大径之木，尚不难致，其所以云五十丈者。中人目测，向不准确，且汉尺亦较今为短也。此井干之名之所由来也。此式久不见于世，然曹魏时尚有之。魏之柏梁台，应为百梁之误。梁本栋梁之梁，栋梁自须巨材，故古人每呼巨材之方整者为梁。百梁台之名，汉武帝时即有之。服虔注曰“用百梁作台是也”。其结构之法，应与井干同。魏之柏梁，应由此来，而误百为柏耳。

中国建筑纵面，用木材者，向皆用立柱支撑，此独用横叠之法，且仅汉魏之间，用于楼台结构，此外，殊不易睹。然民间则时时有之。常在黔楚之交，见山中伐薪人，有用此法作临时住屋者，行时拆卸亦甚易，仍作木薪运去。又兴安岭中索伦人，其平屋有用此法者；美洲红人亦然。合众国总统林肯诞生之屋，即此式（图4），盖一种最易

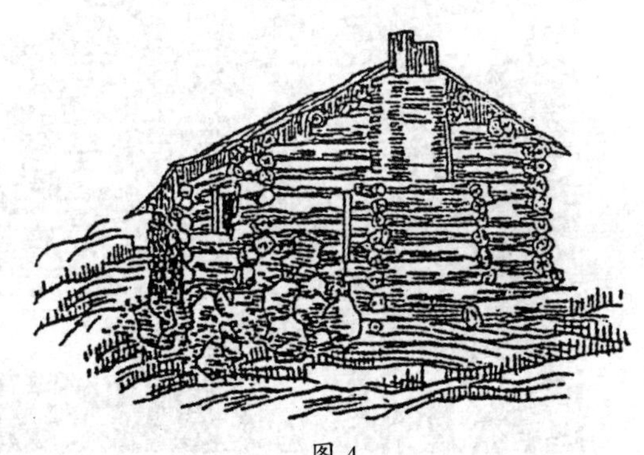
图 4

成立之营作也，而用作伟大建筑如汉魏时之所传者，则甚寥寥矣。

古代楼观之见于图画，今可得而见者：宋赵伯驹《仙山楼阁图》图内云山合沓，所有界画悉为台上之阁，层顶无甚特异处，而平面与纵面，则变化处甚多。由此等处比较之，始知明清两代之建筑，较之唐宋，实已退化也（曾见于杂志中插图。但何种杂志，则忘之矣）；南宋李嵩《内苑图》中有平台，上作平脊之建物。此图明王世贞旧藏，云为光尧德寿宫小景（图5）；马远山水，山石上有平台，其上亦为平脊之建物；

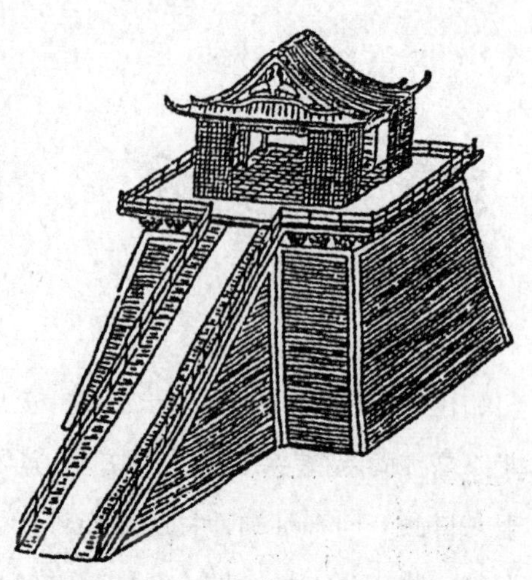
图5　南宋李嵩《内苑图》中之楼

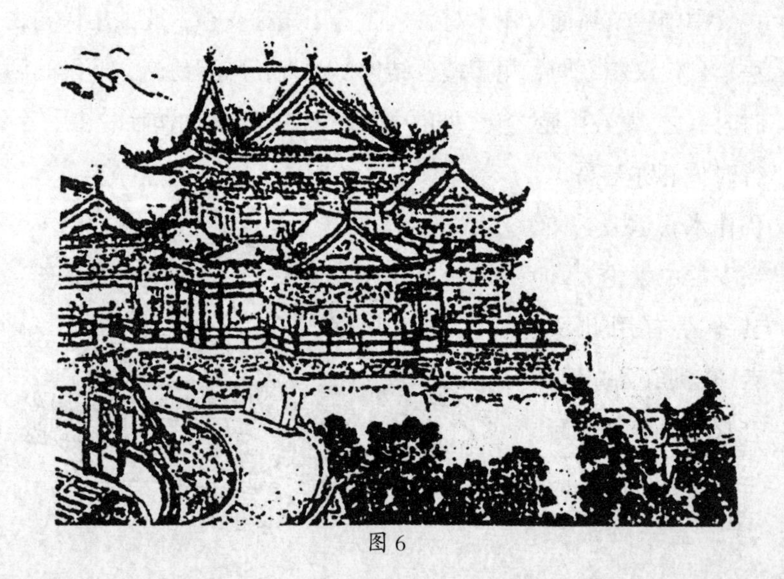
图6

宋画院之《黄鹤楼图》，闽县观槿斋藏，商务印书馆有照印本。楼建于城垣之上，盖就城垣加厚，扩而为台，于上建屋。此制曾见于曹魏之铜雀三台，但彼无图传世，不可考矣。

现代楼观之伟丽者，为旧京之紫禁城四角楼。黄鹤楼即属此式（图7），全楼共分五部分，大者居中，稍小者四，附于四方，中央为十字脊，其端四向，前后者之脊，与中央者成直角，左右者则与平行（图8）。紫禁角楼，亦复如是。图9所不同者，黄鹤楼中央部分为两层，角楼则仅一层。又黄鹤楼两层两檐，角楼则一层而三檐。又角楼中顶为十字脊，与黄鹤楼同。而向城外两方之小部分，其脊与中脊平行，向城垣两方者，侧与中脊成直角（图10），此为小异耳。又黄鹤楼面积甚宽，故成横式；角楼面积较小，故取耸式，此亦其不同之处。而其结构之大势，

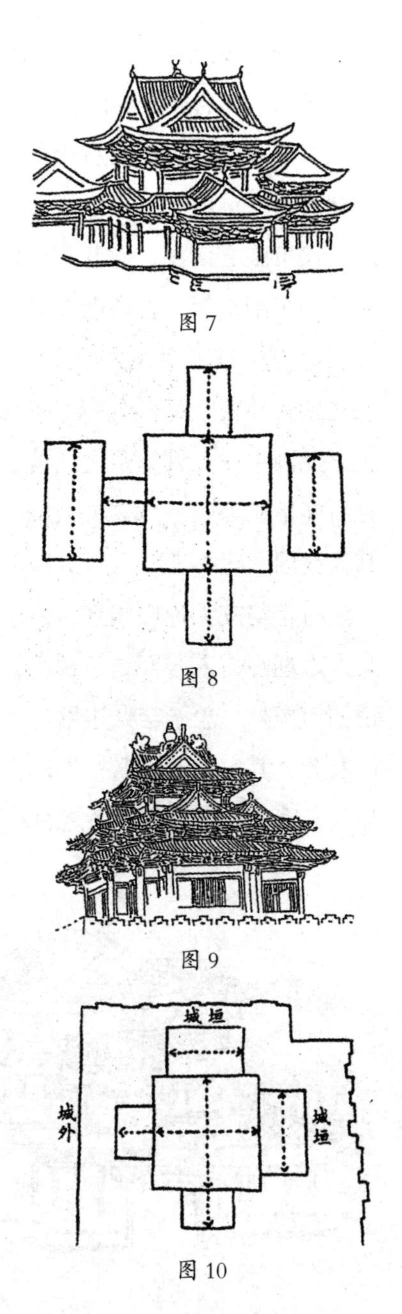

图7

图8

图9

图10

则无不同，知此角楼之意匠，与黄鹤楼同为一系也。黄鹤楼之历史始于唐，其名震于国内，至今未减。此图所示，不知成于何代，而其为宋以前所建，含有唐代建筑之成分，则不容疑。世人或谓中国绘画偏重理想，未必可据以为定论，不知中画本分南北两派，此言仅可施之南派，尤其是宋以后之南派。至北派则多重实写，尤其是工细楼阁，古所谓界画者，若非实有是物，断非执笔之人所能虚构。即如此图之所示，其实物久已无存，而明代所留遗至今之紫禁角楼，为古今中外所称叹，而不知其师承之何自者。乃能于此画中发见其复杂之结构，处处相同，如出一手，此岂理想家所能虚构耶？更可知古人画中之所示，无论其为虚构或实写，其为我国文化之表示，则不容疑。

时常与友人论中国建筑，引班固《两都赋》为证。友人谓为文人之理想，未必即是事实。吾则谓但属出于吾国人之脑筋，无论如何虚构，总不会杂进欧洲人思想在内。因论及黄鹤楼图而泛论及此，其实并非泛滥，实研究此学者所应认清之问题也。盖不如是，则古代事物可参考之材料更少也。

图 11

宋画院之《滕王阁图》，亦观槿斋所藏。亦建于城楼之上，与黄鹤楼同，楼为两层，平面作丁字形，俱为重檐，两端各用小楼，则非重檐。自图上观之，其雄杰之气象，在黄鹤楼之上，亦建筑历史上有名之物也（图 11）。

明仇十洲《丹台春晓图》，中有平台，其上有平屋及阁式之屋，绵亘无际，屋顶斜脊，有作互相反向之曲线者。近代清宫建筑，惟文渊阁东隅碑亭，尚存此式，此自为明以前制。

清袁耀《汉宫春晓图》，临水为台，其上为阁式之屋，屋顶为十字脊，更于十字中央加以高顶，此式仇十洲之《汉宫秋月图》已有之。度亦唐宋以来相传之旧法也。

【第四章】

阁

今人又谓两层之建物曰楼，此有误也。两层之建物应名曰“阁”，阁之起又在楼之后。楼（原曰谢，曰观），始于周，阁则始于秦汉之际（参见）。考阁字最初，原为置于高处一片之木材。《尔雅》曰：“枳谓之杙”，长者谓之阁。郭注“枳，橛也”。又曰：“橛谓之闑”，所以止扉谓之阁（阁之从门，应由于此）。是枳橛一也，但用止扉者则谓阁。因之枳橛之长者，亦袭阁名。又《内则》注：“阁以板为之，庋食物者也”，则庋食物之板，亦用阁名（黔楚间谓之阁板架）（图1）。或曰橛、或曰板，总之，皆一片之木材而已。但既为庋食物之器，则已有在高处之义，后来所谓“束之高阁”者，亦与此同。萧何建天禄阁、石渠阁以藏书，度亦于壁上为阁以庋之，因其中所置皆阁也，遂以为建筑之名。阁之由一段木材之名，而变为一建筑物之名，当自此始。但此种建物，必在二层以上，下层或废不用，所用者专

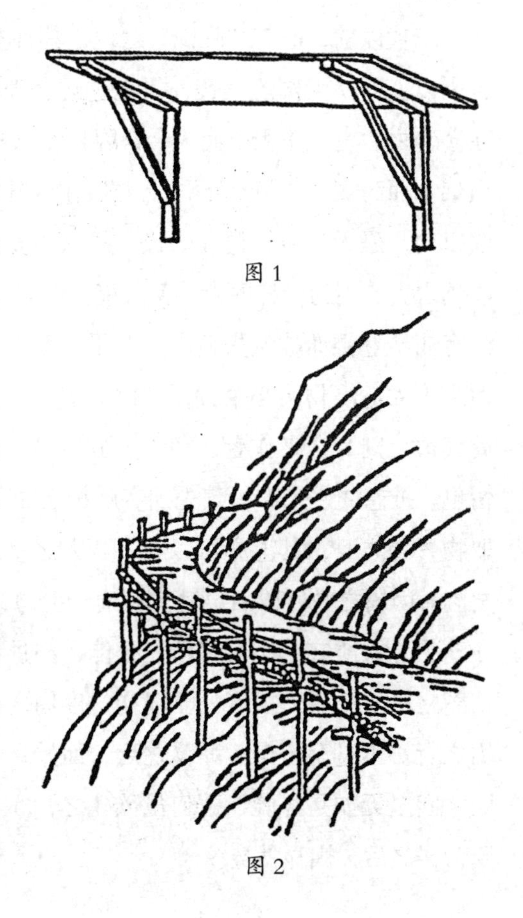

图1

图2

在上层，上层底板既在高处，是亦与庋物之板相似。因之，架木以为复道，则谓之阁道。汉武帝为复楼阁道，自未央越城以达建章是也。《广雅》曰："栈，阁也"，故随山架木以为栈道，亦谓之阁，栈是阁也。栈与柴同，柴即今之所谓栅。栈道铺木为道，其下以柱支之，柱多则林立似栅，故曰栈道。栈道亦谓之阁者，因人行于木上，而木下则空，与阁同也（图 2）。总之，凡所谓阁者，皆具有一层木材，下空而用其上之义。故两层以上之建物，其上可以居人，而其下则空者，名之曰阁。

三代以前，旧有"阿阁"之说，其言不足信。盖就经传考之，自周以上，从无阁之痕迹；再就进化之理推之，阁之发明，亦应在楼台之后也。盖积土而为台，因台而有楼，此皆循序渐进之事。至架木而为阁，空其下而居上，虽在今日极为寻常，而在未经发明以前，恐无人敢冒此险。设为之而不安固，致令登其上者，遘陨越之灾，则为之梓匠者，又焉能辞其咎。即在今日，北方之人，尚有初次登楼而战慄失色者。北平"新世界"之初建，社会中人谓之为大危险物，必肇大祸，此等谣诼，至今未息。用之者已如此其慎，则为之工作者，苟无充分经验，其不敢冒昧为之，固人情也。推想阁之来源，其先因有庋物之阁，此种庋阁，扩而大之，取物置物之时，其上亦可以胜一两人之重，此已渐近于建物之阁矣。又因周之中叶以后吴楚先后通于上国，南方水乡两层之建物，亦渐为北人所知，则其建造之技能，亦遂有输入之机会。窃意建物阁之见于史者，虽实始于汉初，度周之季世以下，民间必间有用之者。不过至石渠、麒麟之后，而始显于世耳。不然，苟令梓匠之间全无如是经验，萧何虽欲建之，亦将无人能作也。然其起于台楼之后，固显然矣。

自汉建石渠、麒麟以藏图书，于是阁之与殿，同为大内主要之建筑。其与图书有关系者，如宋之宝文、天章、龙图等阁；元之奎章阁；明、清之文渊阁皆是。其但供登临之用者，则石渠、麒麟之外，在汉尚有天禄、增盘等阁；唐之西京，有凌烟、清晖等阁；东京有清波、同心等阁；宋之汴京有迩英、延曦等阁；而元之延春阁，在大明宫后，延华阁在兴圣宫后，俨然为皇帝之正位，故言及大内建筑，恒以殿阁并称；明、清则以体仁、弘义两阁，列为正殿两厢；而内朝之侧，则明有隆道阁，在今养心殿前；清有雨花阁，在西六宫之西，则为宗教信仰之地矣。盖大内建筑，不外一层与二层两式，一层者名殿，则二层以上者，自名为阁，虽非如殿名之为帝王专用，而因其与殿同称，于是其名亦俨然特别郑重矣。

阁大抵有两式：一为两层以上之建物；一为一层而空其下方，支之以木、石等材，随其所在，有山阁、地阁、水阁等名。唐裴度里第有架阁，即属此式。山水画中，常有临水之屋或亭，其下支木如栅，皆是物也（图3、4）。

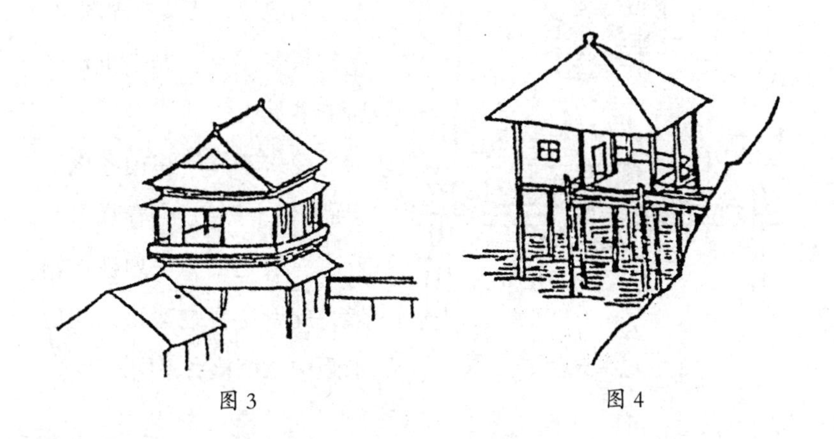

图3　　　图4

宋画院真迹，楼阁界画，仇十洲《汉宫秋月图》（图 5），皆有两层之阁。

宋赵伯驹《仙山楼阁图》（图 6）。

图 5　《汉宫秋月图》中之阁
（此为沈敦和藏品）

图 6　《仙山楼阁图》中之阁图
（现存故宫）

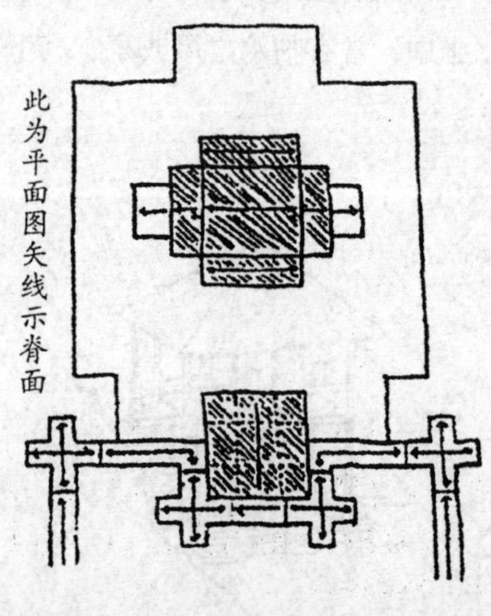

图 7　袁耀汉宫图

袁耀《汉宫图》（图 7）。

《蓬莱仙境图》、画院《滕王阁图》亦然。虽在台上应属之楼，然其式固阁也，结构皆甚复杂，非今世梓人所能梦见。

南宋李嵩《溪山楼阁》扇面，仇十洲《丹台春晓图》，皆有一层之阁，下列柱作栅形，此皆游宴之建物，与山水画中之草草者不同。

【第五章】

亭

游观之建物，在今日通行者为亭，以其需工少而成形美，占地小而揽景宽也。考亭字之最初，即有居处之一意。《说文》曰："亭民所安定也。"《释名》曰："亭停也。"《风俗通》："亭留也，行旅行宿之馆也。"其用为建物之名，则始于秦。《事物纪原》曰："秦制十里一亭"是也。其用为游观之处，则始于汉。《汉书》："武帝登太室，立万岁亭"是也。然汉代宫禁苑囿，其中台也、楼也、观也、阙也，不一其称，而无一处名亭者。惟唐代两京苑囿，则亭之名称渐多，故亭之一物，可谓始于秦而盛于唐。至其建物之形式，如今之各面相等，周檐而无壁者，最初见于《卢鸿草堂图》中，惜檐仅见一方，又不见其屋盖，不知是高顶或平脊也。然独立无壁，位于地面，亭之要件已具矣。至宋院画，遂有今日之所谓亭矣。

《事物纪原》所载之秦制十里一亭，此郊野之亭也。汉官典职，洛阳二十四街，街一亭；十二城门，门一亭。又张衡《西京赋》："旗亭五重"。注：市楼立亭于上。按此城市之亭也，至唐时犹用之，此皆公共建筑也。至汉武帝登太室所立之万岁亭，则似一种纪念物。至唐时苑囿中之亭，则纯为游观之用，后此之所谓亭，大半属于此类。《后山丛谈》："陕之守居多古，屋下柱不过九尺。唐制不为高大，务经久耳。行路亭用斗百余，数倍常数，而朱实亭不用一斗，亦一奇也。"斗，即斗拱在檐下者也。亭在建筑物中，为小而易致之工，故多奇制；《天中记》张镃作："驾霄亭于四古松间，以巨铁绁悬之空半，此一奇也"；《封氏见闻录》："王鉷太平坊宅有自雨亭，从檐上飞流四注，此又一奇也。"《销夏录》载："拂菻国人曾有此制"，拂菻国在今欧亚之交。今回教及土、希诸国，皆无此制，而自古有喷泉，或因喷泉而沿误，亦未可知。然既能置喷泉，则令水流檐际，亦自顺而易举，至王鉷之所谓自雨，吾不知其如何矣！《解酲语》“元燕帖木儿于第起水晶亭，四壁水晶镂空，贮水养五色鱼其中，此又一奇也。”按此即今日欧美水族馆之制也，不过今日之设备，尤为完美耳。《天中记》又记：宋理宗时，董宋臣为制拆卸折叠之亭，此又一奇也。其用在可以随意移置，视山水之佳胜处，适宜用之。《苕溪渔隐丛话》：东坡守汝阴，作择胜亭，以帏幕为之，此则仅借用亭名，其实行帐耳。然即此，亦可以见亭之适用于游观矣。

图1　故宫中的井亭

北京宫殿坛庙中，间有井亭，形皆正方，其顶空若井口，以便天光下注井中(图1)。《辍耕录》记：元宫中有盝顶井亭，即属此制。盝字，字书谓与漉同。顶，指天光之下漏处也。元宫中有盝顶殿，想亦不外此制。游牧人所用穹庐，有于顶上正中处，开一穴口，以散烟气，如南方之开天窗然，盝顶之制，想自此变来者也。

阁楼等游观之建物，一所孤立者甚鲜，惟亭不然，山巅水涯往往有之，所以有孤亭之一名词，此亦亭之特殊处也。

【第六章】轩

建筑物中有一种名曰轩者，与斋、堂、馆等，同为游观用之居所，大抵属于平屋之一类。至其建筑上之特点如何，自来未有详言之者。

考轩字从车从干，其来甚早，原为一种车名。《说文》："轩曲辀藩车也"，段注谓："曲辀而有藩蔽之车也"。盖古之车，但有车位，而无今之车厢，普通者，略如今之敞车，前有直辕，车坐左右有阑；大夫以上所乘之车，则前及左右皆有阑，而高则如屏，即《说文》之所谓藩也。前不用辕，而揉木以为辀，其势昂起，然后曲而下。居于正中，两马或四马夹辀而负之，是即轩车之结构（图1）。

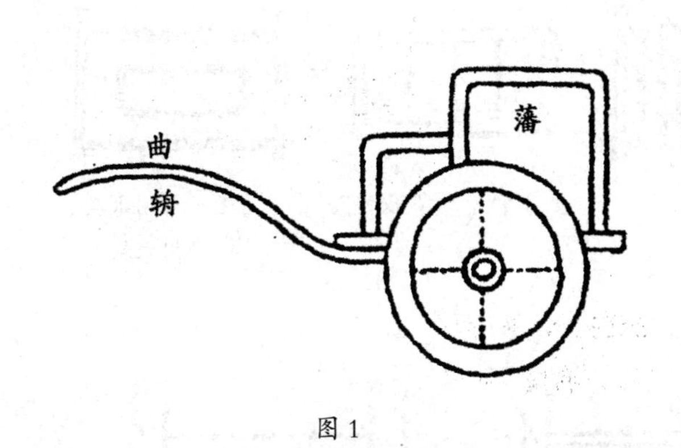

图1

考轩车之所以异于他车者，一为屏阑，一为曲辀。屏阑，后人或谓之曰栏板，栏与阑同，盖在阑之后面加以平板也。曲辀之曲度不大，略加波峰之与波谷。然此二种形式，遂为轩车之特点。轩字之假借为他用者甚多，而皆具有此两特点。有具一点者，亦有兼具两点者。

汉《西都赋》"重轩三阶"，《注》："轩，楼板也"（此用楼字者，盖凡楼皆有阑也。楼之本义，为台上之有建筑物者。此阑即在台沿而处建筑物之周围）。《西京赋》"三阶重轩"。注曰："以大板广四、五尺，加漆泽焉，重置中间阑上，名曰轩"。

《鲁灵光殿赋》“轩槛曼延”亦阑板也。《后汉书·献穆曹皇后纪》注曰：“阑绞曰轩”。凡此之所谓轩，皆不离乎槛字、阑字、板字，此由轩车中所含藩字之义意而来者也。

《汉书史丹传》：“天子自临轩槛”，注“槛上板曰轩”（见《华严经音义》引《后汉书音义》）。盖阑与槛，除上下左右边框外，当中皆由木条合成（图2）。其有于木条之后再衬以板，或竟不用木条而用木板者，则名曰轩。今故宫中宝座四周之阑，及太和殿前月台二面之阑，其下方犹有板之残存（但月台皆石阑），是皆轩也（图3、4）。

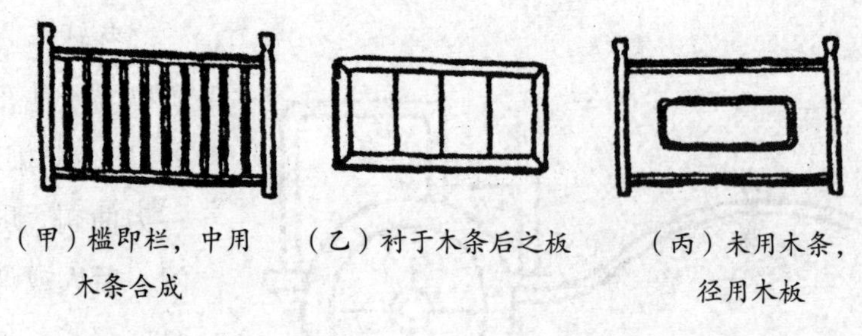

（甲）槛即栏，中用木条合成　（乙）衬于木条后之板　（丙）未用木条，径用木板

图2

图3　宝座四周之阑图　　图4　太和殿前之阑

《魏都赋》曰：“周轩中天”，《文选》注曰：“径以为长廊之有窗而周迴者”，此实不甚恰当之解释也。《正字通》：“轩，曲椽也”。又曰：“殿堂前檐特起曲椽中无梁者，亦曰轩。”（见《中

华大字典》所引字汇中文），此乃为此轩之确解。此制似始于汉魏之际，以前之所谓轩，皆指有板之阑而言。此曰中天，则明是属于屋宇之高处，盖于殿堂之前做廊式之建筑物，其屋盖则与殿堂之前檐相连，而成一屋盖，前后皆有斜面。上为平脊而不用栋，但用曲椽架过，隆起做半月形（今南方名曰圆脊），其下则有柱而无壁，足部则用有板之阑（图5）。此式唐、宋界画中屡见之（宋人《太古题诗图》）；明、清人之界画亦有之（仇十洲《汉宫秋月图》、袁耀《蓬莱仙境图》）。建筑物则中海“四照堂”后之一堂，即有前轩；中海西岸“紫光阁”之前檐，亦有此式，但多三面之格扇耳（此格扇即《文选》注之所谓窗也）。民间亦有用之者，余偶收得人家别院之照片，今示如下（图6）。

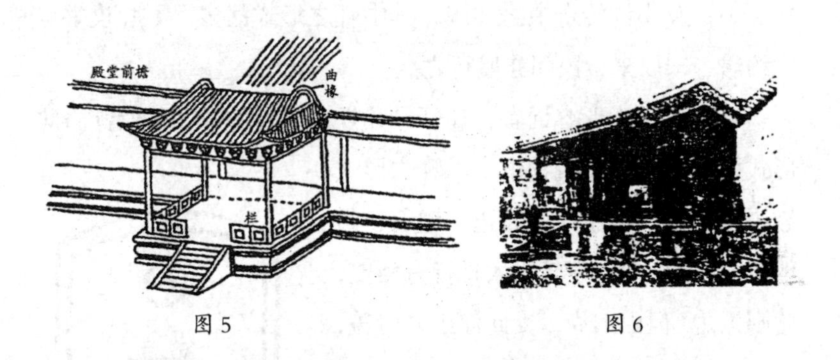

图5　　图6

轩多在殿堂之前面，此曰周轩，则四面皆用之。仇十洲《汉宫秋月图》中，即有周轩。《圆明园图咏》中之“万方安和”，其南岸之大亭，亦有此式，《文选注》以为长廊，亦非全误。若以四面之轩联以曲廊，则谓之曰廊，亦未尝不可也。

今太高殿门外之两亭，其四面附属之建筑物，亦此类也。所不同者，在顶上无曲椽耳。

此制之命名曰轩，一由于足部之阑板，一由于屋上之圆脊。盖圆脊必用曲椽，自其脊端视之，其圆之曲度，与轩辀之曲度相似也。其屋脊之端，既含有轩车曲辀之义意；其足部之阑板，又含有轩车藩之义意，故此制之于轩车，乃兼具其两特点者也。大约当时（指魏晋以下）多有此制，故天子不御正座而御檐下，则曰：临轩后世、临轩策士、临轩授辀之词，皆本于此。

此制以无壁为原则，亦与廊同。其后乃有三面装格扇者，故《文选》注以为长廊之有窗者也（所谓窗，即今之格扇）。《唐诗》"开轩面场圃"，亦不过撤去格扇耳，今北平又有用于殿堂后者（见故宫西路），匠人名之曰老虎尾。

图画中若明刻之唐解元《唐诗画谱》（今石印者改名《诗画舫》），及小说传奇中之插画，其中轩之形式甚多，不胜枚举。大约唐、宋以来，民间亦盛行之矣。

轩字有用于形容词者，如轩昂、轩翥、轩举等字，似皆由此形式而来。盖在建筑物中，以轩之形式最为杰出也。轩檐亦用翘边、翘角，与他建筑物同，而他建筑物大抵皆有墙壁，此则无之。但由四周以支此浮出之屋盖，如鸟之张翼欲起，真似具有飞翔之势。故由此制，可以得此等昂藏之意义，若但就轩车言，何能发生此等感想耶？

图 7

如曰轩然大波起，则当然是由曲辀之意义而来，以两者皆在低处，且皆具有流动之势也。试想车如流水马如龙时，则曲辀之低昂推进，不恰似波涛之汹涌耶！

《周礼》“春官小胥，诸侯轩悬”，注曰：其形曲，故又谓曲悬，此盖指乐器之架而言，今悬古钟磬之架，犹可见此式（图7）。

《后汉书·方技传》：“轩渠笑自若”，“轩渠”，笑貌。盖凡笑则口张，口张则上下唇皆显曲势也，此与轩悬皆由輈之曲执而来。

今综合由轩车之两特点所发生之用词，以系统著之：

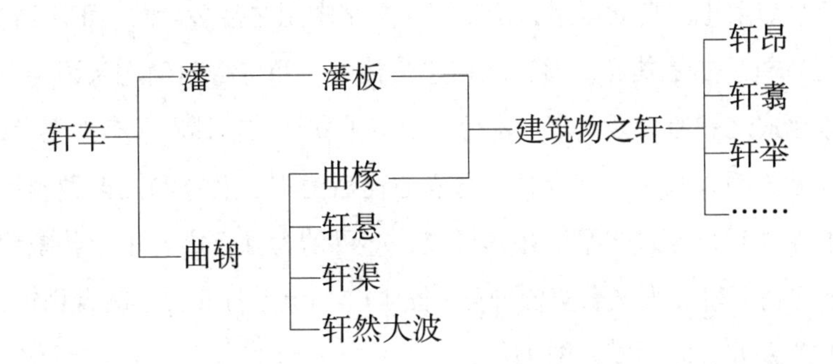

今但就建筑言之，则建筑物中之所谓轩者，为附于堂前后之廊式之物，上为圆脊，中无墙壁，而下有装板之阑者也。此物形式之说明，以《正字通》所载者最为明确：“曰殿堂前檐特起”，是言其屋盖之位置，乃由殿堂之前檐延出，另起一脊也（图8）；曰：“曲椽无中梁”是言其屋脊之构造，不用梁而用曲椽也（图9）。

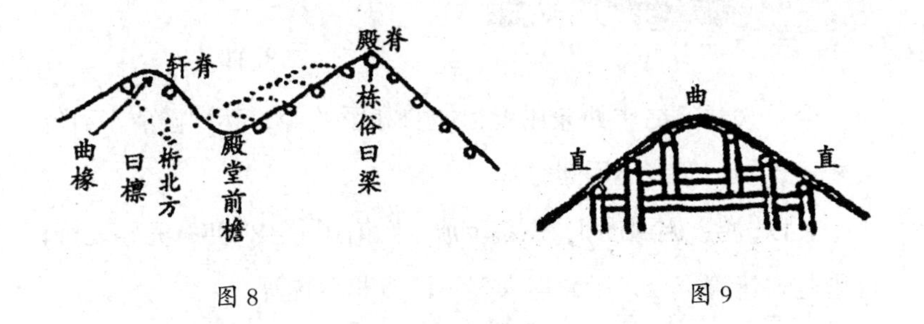

图8　　图9

此似专就屋盖而言，再合其下部之有板之阑，而轩之形式乃完，而其所以名轩之故亦可瞭然矣。至《文选》注之以为有窗之廊，虽不恰当，然亦可由是而证其为廊式之物是亦未尝无补也。

若就其沿革言之，则其初之所谓轩者，似指殿前平台之三面有阑者，此与今太和殿、乾清宫前之月台无异。故汉人词赋之注中，皆不离槛、阑、板等字。至《魏都赋》中，始有"周轩中天"之文，而注家则以"廊"字解释之，可知是于月台之上，加以间架及屋盖也。自此以后，唐、宋人文字中用之甚多，而《正字通》之解释又如是其详，而轩之在建筑物中，乃可得明确之认识矣。然此式之初原为殿堂之一部分，未有独立性质。其后又有独立者，常见于明人画中，即今日北海静心斋后池中，及颐和园谐趣园池中，皆有长方式之亭，相其形成，亦可谓为独立之轩也。若瀛台下之待月轩，则又名实皆符矣（图 10）。但今日北方之圆脊稍锐，不及南方者之合度（图 11）。

图 10

图 11

今日大建筑之中西兼用者，如协和医院等，其大楼前多有轩式之建筑物，但多不用圆脊耳。

又以《鸿雪因缘图记》三集上册"半亩园"图中，亦有完整之轩，可见此式建筑至今未废，但人多不注意其名称耳。

【第七章】塔

塔婆，印度佛教徒方坟之名，我国省称曰塔。《涅槃经》云“佛告阿难，佛般涅槃，荼毗既讫，一切四众，收取舍利，置七宝瓶，于拘尸那城四衢道中，起七宝塔，高十三层，上有相轮辟支佛”，此塔之始也。《僧祇律》云“佛造伽叶佛塔，上施槃盖，长表轮相”。《十二因缘经》云：“八种塔并有露槃，佛塔八重，菩萨七重，辟支佛（缘觉）六重，四果（罗汉）五重，三果（阿那含）四重，二果（斯陀含）三重，初果（须陀洹）二重，凡僧但蕉叶火珠而已矣。”又曰“轮王以下起塔，安一露槃”，此塔之等级也。《僧祇律》云：“起僧伽蓝时，塔应在东北。”此塔在伽蓝中之位置也。有舍利名塔，无舍利曰支提。《法苑姝林》曰“支提”一名“窣堵婆”，又翻“浮图”。中国有寺，始于汉明帝时，名白马寺，在洛阳。中国有浮图，始于后汉。范书曰“陶谦大起浮图寺”是也。其制如何？今皆不可考矣。

塔之制随佛教而入中国，塔之形式，当然亦本于印度。但中国原有中国之文明，故其吸收外国之文明，往往以本国之文明同化之，使之变为一种中国式。故佛教入中国后，变为中国之佛教，印塔入中国后，亦变为中国之塔。印度古塔，今可见者，有佛陀伽耶寺之大塔（图1），在印度巴陀那州伽耶寺南

图1

七英里尼连禅河之西岸，为大圣释尊成等正觉之圣迹，以砖造成，大塔四隅有小四塔，塔基围 48 英尺（1 英尺 = 0.3048 米），全高 170 英尺。为公元 2 世纪之建筑，约当中国东汉之末世。此塔为四方立锥形，即所谓方坟者也。中国之塔，则由四方而演为六方、八方及圆形等；由立锥形而更演为阶级形、直筒形、阶段形等之四式。又因受中国建筑之影响，塔身之外，附以层层之檐。而塔之内部则有实者、有虚者，虚者有时与一间空室无异，层层直上，俨如多层之阁然。今先就国内之塔说明之：

立锥形者，自下而上，依一斜度而渐小者也。如河北真定开元寺砖塔（图 2），即属此式。又上海龙华塔，去其檐部，亦显立锥之形。杭州保俶塔亦然（保俶塔原有檐级，久毁）。

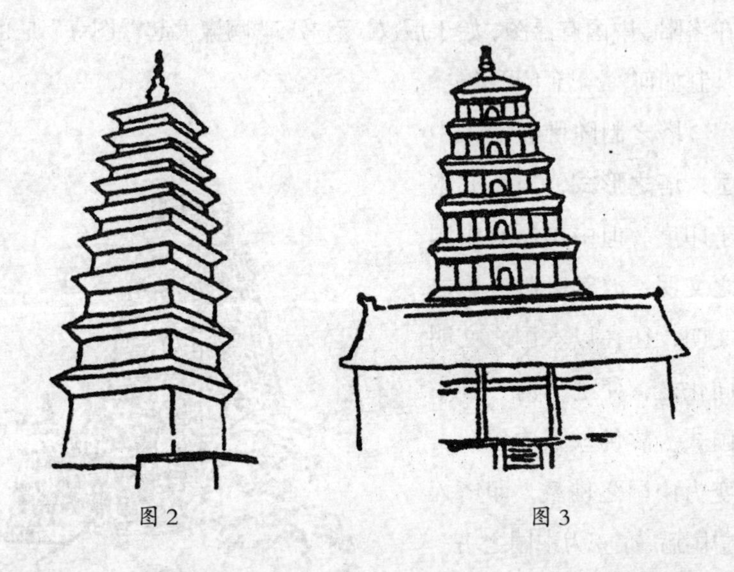

图 2　　图 3

阶级形者，自下而上逐层缩小，而每层之壁皆垂直者也。如西安慈恩寺之雁塔（图 3），阶级之形最显，此无塔廊者也。如福州石塔寺之石塔，虽有塔廊，仍可见其阶级之形。

直筒形者，自下而上皆等大，至顶而始收缩者也。如河北通县佑胜教寺之燃灯佛塔（图4），即属此式。此外，如四川彭县之龙华寺塔，共十七级。而自十级以上，即逐渐依内曲线而缩小。又如云南大理之千寻塔，则中上部反较下部为广，皆此式之少变者也。

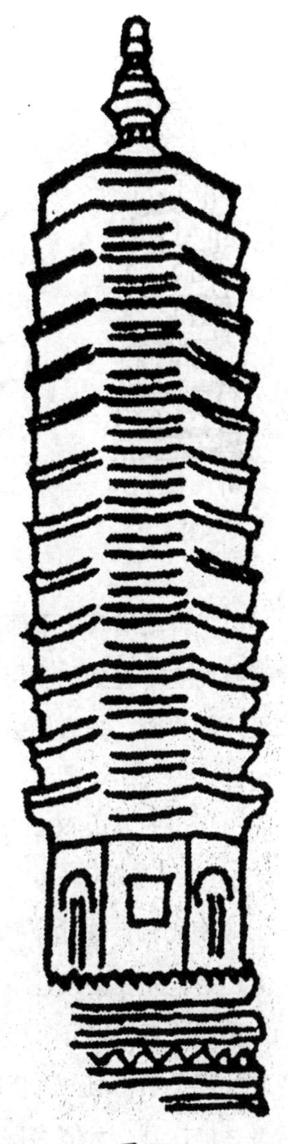

图4

三者之外，又有做阶段形者，或两段、或三段，此式多由阶级演进，每段各含有数级，在上之一段，恒较下之一段，骤然缩小若干。如河南之繁塔，则三段者也；山东兖州之龙兴寺塔，则两段者也（图5）。此种配合，与佛陀伽耶大塔之顶段有相似处。

印度之塔，本为方形，至中国而多变为六方形、八方形，然方形仍尚有用之者。如江苏虞山之方塔（图6）及松江之方塔、嘉禾广福寺之东塔，皆方塔中之精整者也。此外如前所述之真定开元寺砖塔、西安之雁塔，亦皆方式。

圆式则除西藏塔之外，中国圆塔甚少。可见者惟河南嵩岳寺塔及奉天锦县之古塔而已。

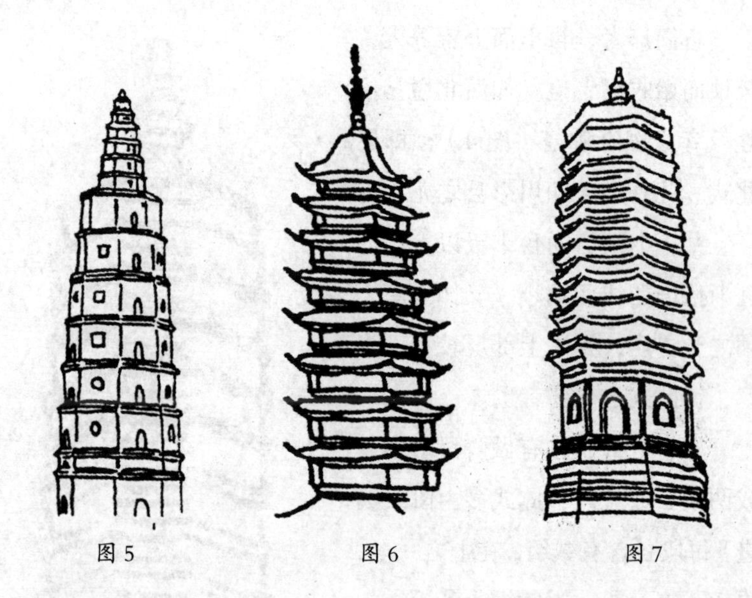

图 5　　图 6　　图 7

以上皆就塔身之干部言之，若就其内部言，则有实者、有虚者。虚者有内空，直如一多层之阁矣，内部与外附檐级之相应。实者檐级之距离密，虚者檐级之距离疏，故但就檐级之距离，可以知其内部之虚实。今谓实者为多檐式，以其仅外部有檐而内部并无空间也。虚而有内空者为多层式，以其每层内空，俨然等于阁之一层也。

多檐式者，如北京阜成门外八里庄之万寿塔（图 7）。又天宁寺之塔，亦属此式。

多层式者，如山西开元寺塔（图 8）及山东青岛李村女姑塔，两塔外观虽不相似，而其每层皆空之处则相同，不过前者之檐狭，后者之檐广耳。大概多层之中，又分狭檐、广檐两式；而广檐一式中，又分无廊、有廊与仅有平座之三式。

塔之有廊者，乃于广檐之下又具有廊式之物也。如广州之六榕寺塔（图9）、镇江之金山寺塔、及上述上海之龙华寺塔皆是也。

塔廊者，依于上之檐宇，下之平座，中之立柱与横栏而成立者也。其无塔廊者，皆仍有檐，不过无平座及栏柱耳。此两式，其塔身之内部皆空，与多层之阁无异，或命之曰阁式之塔。而浙江普陀山太子塔，则但有平座，而无檐及栏柱（图10），此亦塔之别开生面者也。此外，如吴越时铜铸之金涂塔，亦属此式，但甚小耳。

檐在塔身之距离，有密与疏之两种。而檐之本身，亦有广与狭之两种。狭者多以砖石为之，层层出入，叠成多棱之横带。广者多以瓦为之，与寻常建筑物之屋檐相同，亦有翅边昂角之制。塔之有廊专属于广檐而疏层者。

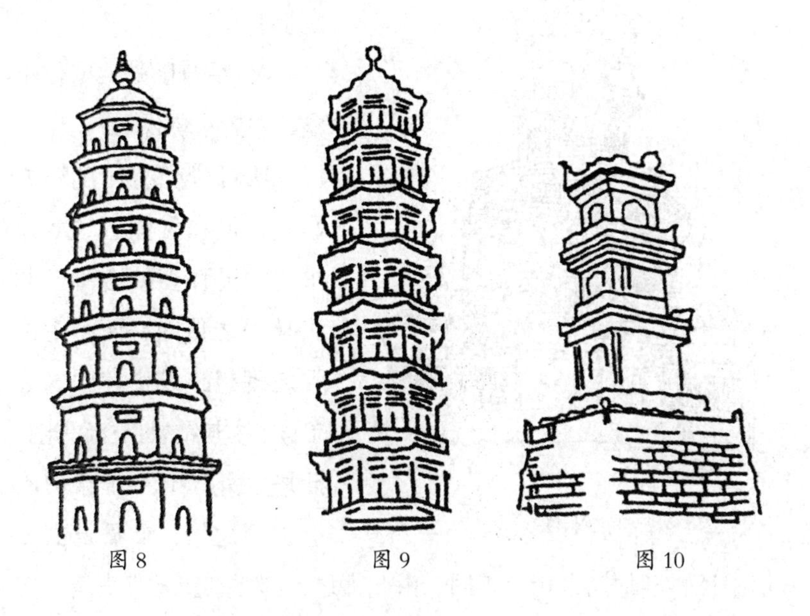

图8　　图9　　图10

塔顶之装饰见于佛经者，有槃盖、相轮、蕉叶、火珠等形，既如上述。中国塔，多用大小圆球相连而成贯珠形，立于顶上，亦有兼棨盖等物而用之者。至塔之基址，稍为特别者，则不外特高与特广之两式。如北京八里庄之万寿塔，则以高取势者也（见图 7）。如普陀山太子塔，则以广取势者也（见图 10）。

以上各种形式，皆中国塔所具之特色。至仿印度佛陀伽耶式之塔，中国亦有之。世人常谓中国在南北朝时所仿印度之佛像，仅凭传说及理想，并无精密之图案，故往往有不合处，惟塔亦然。如真定广惠寺多宝塔（图 11），即于佛陀伽耶之塔相似之点甚多：

图 11

1. 中央一大塔，四角各一小塔；

2. 大塔前有独立之门；

3. 六者同在一高基之上；

4. 塔身随处穴壁作小龛，中置小佛像。

四者皆受有印度塔之影响，但在大体上寸寸而求之，贝怀能恰合耳。此当是得之传闻，而由中国人之理想，以指挥中国之工匠，故其结果仅能得此。此塔之外，北京玉泉山附近山顶之塔，亦属此式，但基址特别加高，稍觉不同。由此推之，则北京正觉寺五塔（图 12）、碧云寺、归化五塔寺等之金刚宝座，凡下为高台，而上列置五个或七个之塔者，皆为此式之变态，而由印度传来者也。

图 12

正觉、碧云之五塔，统名“金刚宝座”，见《日下旧闻考》。近见宋仁宗在印度所建塔碑中有云：“于金刚座侧建塔”云云。此塔实在佛陀伽耶大塔之侧，可见此大塔原名亦为金刚座。则中国五塔制度之由此大塔而来，更有确证矣！

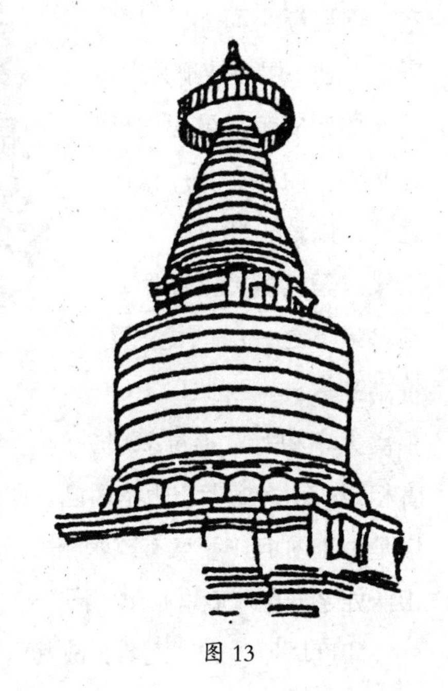
图 13

北京阜城门内之舍利塔（图 13），建于辽代。此种塔式，盛行于今之西藏、蒙古，北方各省亦多用之，俗称之曰喇嘛塔。其小者，则用之于僧人墓上，故南方人又称之曰辟支佛塔。

以印度塔、喇嘛塔与中国塔比较观之，可谓由一柱形之物直立于地上，而以檐形之物划分为若干段者也。此柱形之物，由石或砖或木之各材构成之。其平面则有四方、六方、八方或圆之不同。其纵面则有立锥阶级、直通阶段之各状。其内部则有实者、虚者之两种。内部虚者，或分为若干层,内为一层，则外面必具一层之檐。更复杂者则更具平座、栏柱之属而构成一层之塔廊，此塔廊或檐，随内部之空室，逐层渐小而上，以至于最上之一层而结顶为焉。其通体皆实者，虽无虚檐之必要，而亦必具一檐级之形，以划分此立体为若干段。至其各檐之相距，则除最下之一层，其立壁特别高广外，自此以上，距离大率相等，不过多层者相距疏，多檐者相距密而已。亦有渐上渐密者，如真定天宁寺塔是也（图 14）。又有疏密相间而用之者，如北京颐和园、玉泉山两处之五色琉璃塔是也（图 15）。

图 14

印度塔原为方坟之名，故其内部皆实。其层层可登者，惟中国塔为然。《僧祇律》曰："得为佛塔四面作龛，作狮子鸟兽种种彩画，内悬幡盖。"此亦似指内空者言，然则可登之塔，亦不尽背于释氏之旨也。

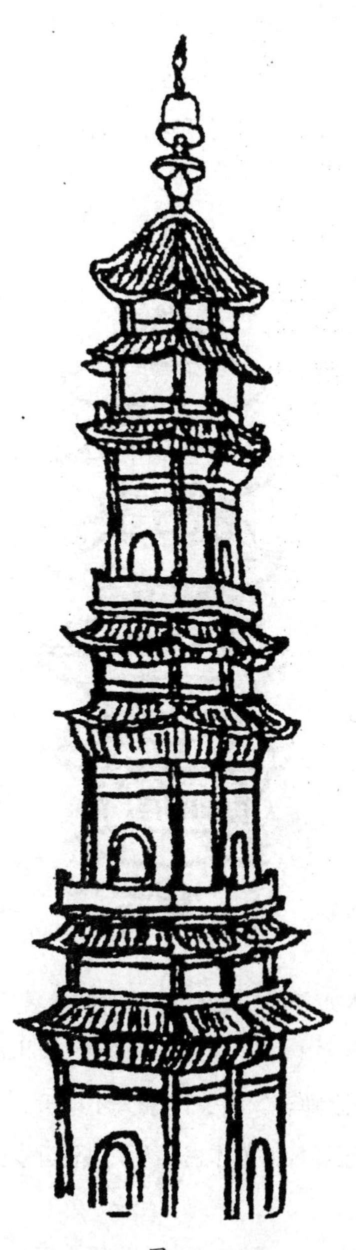

图 15

中国建筑素少变化，惟塔不然，其变化之多，几乎一塔一式。然分析而观之，要不出于以上所列举者之范围。不过直仿外国式者，则又当别论耳。今综合以上所列举者，列表明之。

中国塔所有各式：

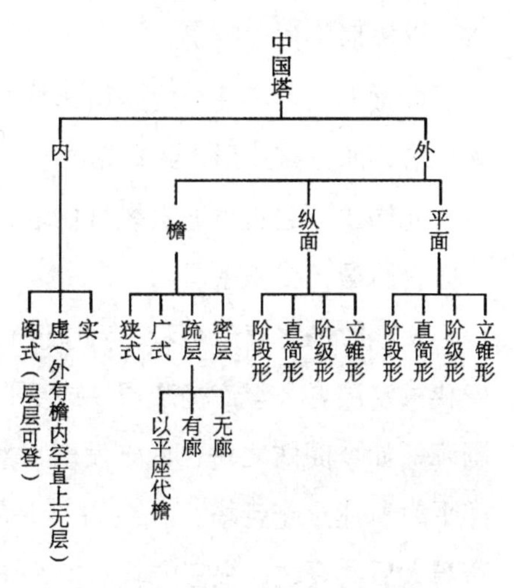

中国之有塔，当然在佛教输入之后。《后汉书》："陶谦大起浮图寺，上累金槃，下为重楼，堂阁

周回，可容三千许人。”此塔之见于载籍之始。一浮图也，而周回有重楼、堂阁，可见非今日单纯之一塔，而与印度之六个建筑同为一所者相近。或者在汉时之塔，尚带有印度意味，惜在今日无可考矣。

综合以上所言，则中国式塔，可依下列之四点以观察之：一、平面之形；二、纵面之形；三、檐之广狭；四、檐之距离。国内古代之塔，其建筑之年代尚可信者，有如下述：

北魏兴和时建今之真定临济寺青塔，六方直筒形，狭檐密层。

萧梁大同八年建今之河南嵩岳寺塔，立锥形，狭檐密层。

萧梁大同十年建今之四川彭县龙兴寺塔，四方直筒形，狭檐密层。

北周建今之直隶通县燃灯佛塔，六方直筒形，狭檐密层。

六朝时塔之存于今者，有此四所，皆狭檐密层者。至广檐疏层，或更带围廊，如今阁式之塔，尚未发现。然如《洛阳伽蓝记》所载，魏熙平时所建永宁寺塔，九级高四十余丈（高度依《魏书》）。明帝与太后共登之，视宫内若掌中，临京师若家庭，因禁人不听升，则阁式之塔，彼时固已有之。不过此式不如实体密檐者之坚实耐久，故虽有之，不易久存。

图 16

隋开皇十五年建今之北京天宁寺塔，六方直筒形，狭檐密层。

隋仁寿时建今之苏州虎丘塔，八方阶级形，狭檐疏层。

隋仁寿时建今之南京栖霞山石塔，八方阶级形，广檐密层。

隋塔三所，两密一疏，而广檐与阶级形，亦始见于此。

唐贞观十八年建今之奉天北镇双塔，皆八方立锥形，狭檐密层。

唐初建今之西安慈恩寺雁塔，四方阶级形，狭檐疏层，见前图3。

唐周天授建今之郑州开元寺塔，八方阶级形，狭檐疏层。

唐开元建今之郓城残塔，六方阶级形，狭檐疏层。

唐贞元建今之福州石塔寺石塔，八方阶级形，广檐疏层，有廊（图16）。

唐贞元建今之真定广惠寺多宝塔，印度式。唐咸通建今之真定天宁寺木塔，八方阶级形，广檐疏层。

唐乾宁建今之景州开福寺塔，八方阶级形，狭檐疏层。

唐建今之辽阳塔，六方立锥形，狭檐密层。

唐建今之宁波天奉塔，八方立锥形，狭檐疏层。

唐建今之兖州塔，八方阶级形，广檐疏层。

唐建今之嘉禾茶禅寺三塔，皆八方直筒形，狭檐疏层。

后周显德元年建今之开封繁塔，六方阶级形，狭檐疏层，分三阶段。

唐及五代之塔，除印度式之多宝塔外，共十二所，密层者仅二所，其十所皆疏层者，其中之一为有廊者。

辽清宁三年建今之山西应县宝宫寺木塔，八方立锥形，广檐疏层，有廊。

辽太康前建今之涿州智度寺塔，八方阶级形，狭檐疏层。

辽天庆七年建今之房山云居寺压经塔，八方直筒形，狭檐疏层。

辽建今之北京阜城门内大白塔，西藏式（彼时西藏犹名土蕃），见前图 13。

宋初建今之杭州保俶塔，八方立锥形，檐已毁。

宋太平兴国七年建今之兖州龙兴寺塔，八方阶级形，狭檐疏层，分两阶段，见前图 5。

宋元祐中重建今之广州六榕寺塔，八方阶级形，广檐疏层，见前图 9。

宋嘉熙建今之泉州紫云双塔，八方阶级形，广檐疏层。

宋建今之苏州北寺塔，八方直筒形，广檐疏层，有廊。

宋建今之武昌洪山寺塔，八方阶级形，狭檐疏层，有平座。

宋建今之锦州双塔，八方立锥形，广檐疏层。

宋建今之镇江金山寺塔，六方阶级形，广檐疏层，有廊。

宋建今之无为李家闸黄金塔，六方阶级形，狭檐疏层。

宋建今之山西五台山笠子塔，西藏式。

辽宋塔上述十五所，除西藏式二所外，余十三所，密层者仅一所，其十二所皆疏层者，其中除保俶塔檐已被毁外，狭檐者五，广檐者六。此六所中，有廊者又具半数。

元统元年建今之普陀山太子塔，四方阶级形，疏层无檐而有平座，见前图 10。

明成化九年建今之北京正觉寺五塔（原名金刚宝座），印度式。

明万历壬辰建今之北京阜城门外八里庄万寿塔，八方直筒形，狭檐密层。

明建今之北京阜成门外建文衣钵塔，西藏式。

元明塔之标本图记有年代者，所得甚少，暂不比较。

以中国幅员之广，历史之长，塔之建筑，当以千数，今之有标本图者，不过数十分之一，而其中年代可考者，又不过十之一二，据此以为研究，当然不能遽下断定。兹文之所根据者，完全为实物照相，与由像片而转印之标本图。故理想之图画，与无图画之记载，以及诗文词赋中之所歌咏者，因其多不足据，概不采用。

【第八章】桥

桥之起源甚古，《孟子》：岁十一月徒矼成，十二月舆梁成。矼者，列石为步，未具桥形（今日南人谓之跳墩），梁则直浮水上矣。《说文》：梁，水桥也；桥，水梁也，王氏以为鄙说。然造舟为梁，已见《大雅》。惟桥字之见于《仪礼》者，非训水梁，然则桥之训梁，为后起之谊。其见于书者，《水经注·坝水》曰：秦穆公更滋水名曰霸水，水上有桥，谓之坝桥，是也。桥有种种形式。诗《大雅》曰：造舟为梁。唐《六典》曰：水部，凡天下造舟之梁四，河三洛一，是皆今之浮桥也（图1）。《六典》又曰：石柱之梁四，洛三灞一。木柱之梁三，皆渭川也，皆国工修之，是即今之架桥也。古书之所谓梁者，浮桥为多，六朝之朱雀桁，亦为浮桥。架桥之可考者，初见于《说文》之文，所谓高而曲者也。然《战国策》豫让伏于桥下；又《庄子》微生，与妇人期于梁下，水至，抱梁柱而死，是当为架桥无疑。至砖石起拱之桥，则于古无可考。起拱之制，作桥之外，有施之于门窗者。《尔雅·闺门》郭璞注曰：上圆下方如圭也（此指琬圭）。则圆首之门，周已有之；又北魏云冈石窟，亦有圆首之门，然石窟之门，由琢石而成，闺门虽亦

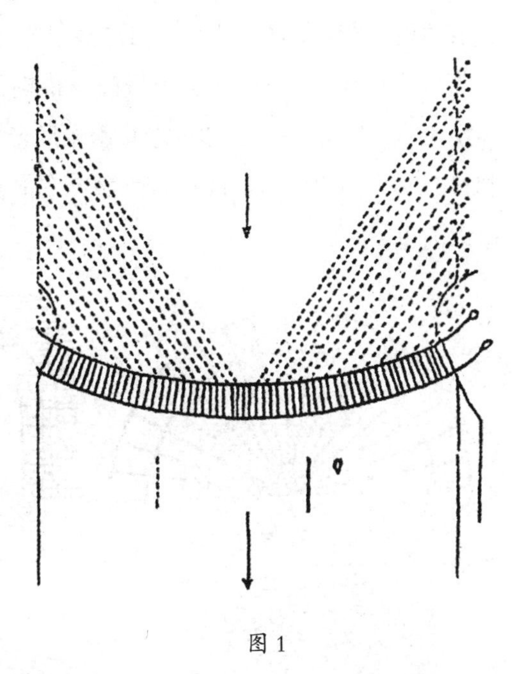

图1

圆首，是[illegible]

亦自有发明之机会，且石窟为供佛之所，或印度已有拱门，亦未可知。近年发现之王维山水画图，其中已有拱桥，是非用砖石起拱，必不能胜任矣！同画中之城门，亦为圆首。起拱必用半规，分成角度，按度制材（图2）。门户多用单材，厚者亦不过双材（前后面各为一层）（图3），至城门与桥拱，则因其体之厚，非用多层不可（图4、5），多层者自由单层者进化而来，故城、桥之起拱，必在门户之后。故拱桥之制，不能甚早，不过至迟亦必在唐以前也。

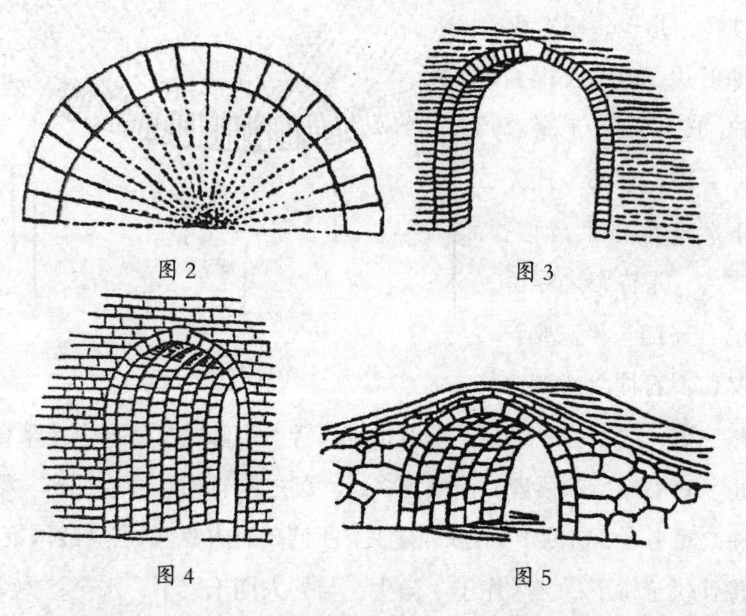

图2　图3

图4　图5

故中国桥之历史，就大者而言之，最初皆为浮桥，其后始有架桥（图6）。起拱之法更在后。浮桥用排水之法，借力于水。架桥则借木石之力以支撑。《说文》：桥，水梁也，从木乔声，乔，高而曲也。桥之为言趫也，矫然也。据此则桥字应专指架桥，梁

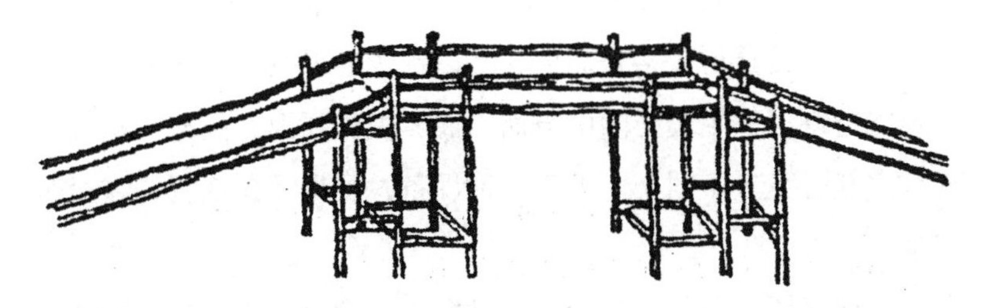

图 6

字则专指浮桥。然古人已自乱其例，今亦不能尽复矣！起拱之法，似施之于门窗者，其来已久，而施之于桥者，则应在汉以后。虽唐初已有之，而大川仍用浮桥及架桥，盖分角用材，须有绵密之计划，小者尚易为力，若洪河大川之钜工，则亦须有相当之才气，始能胜其任也。后世桥之巨大而精坚者，在北则往往托之于鲁班，在南则托之于张三丰，更有谓须得水神之保护始能成功者，可见社会中人之重视此等工程矣！

《元和志》曰：河南县天津桥，隋大业元年初造，以铁锁维舟，钩连南北，夹路对起四楼。贞观十四年，更命石工累方石为脚。《旧唐书》曰：都城中桥，岁为洛水冲注，李德昭创意，积石为脚，锐其前以分水势，自是无漂损。据《唐六典》：洛水之桥四，一为浮桥，三为架桥。此言天津桥以铁锁维舟，自属浮桥。而已知累石为脚，又李德昭积石为脚，锐其前以分水势，此则应属架桥。盖能分水之石脚，必在中流，惟架桥有之也。

《旧唐书》曰：铁牛缆桥，在蒲坂夏阳津。明皇诏铸铁牛八头，柱二十四条，连锁三十二条，山架八所，牧人八枚，于中流分立，亭亭有虹霓之状。此甚似今日滇、黔之铁索桥。然蒲津故是浮桥。张说《蒲津赞》曰：“结为连锁，镕为伏牛，锁以持航，牛以系端"，可以为证也。而属乃谓其有虹霓之状者，此虹霓非纵面的，乃平面的。盖浮桥联多舟而成，贯以铁锁，系其两端于两岸，两端不能移动，而中段必随中流而下曲，做长弧形，故亦可拟以为虹霓之状（见上 1 图）。观于此种设备，可见浮桥工程，在唐时正发达也。

古代之桥今可得而见者，就拱桥言，则北海积翠桥建于辽，卢沟桥建于金，玉蛛桥建于元。就中积翠桥最早，平面微做弧形，自因地势使然，其拱门比较的小（图 7），不似卢沟桥（图 8）、

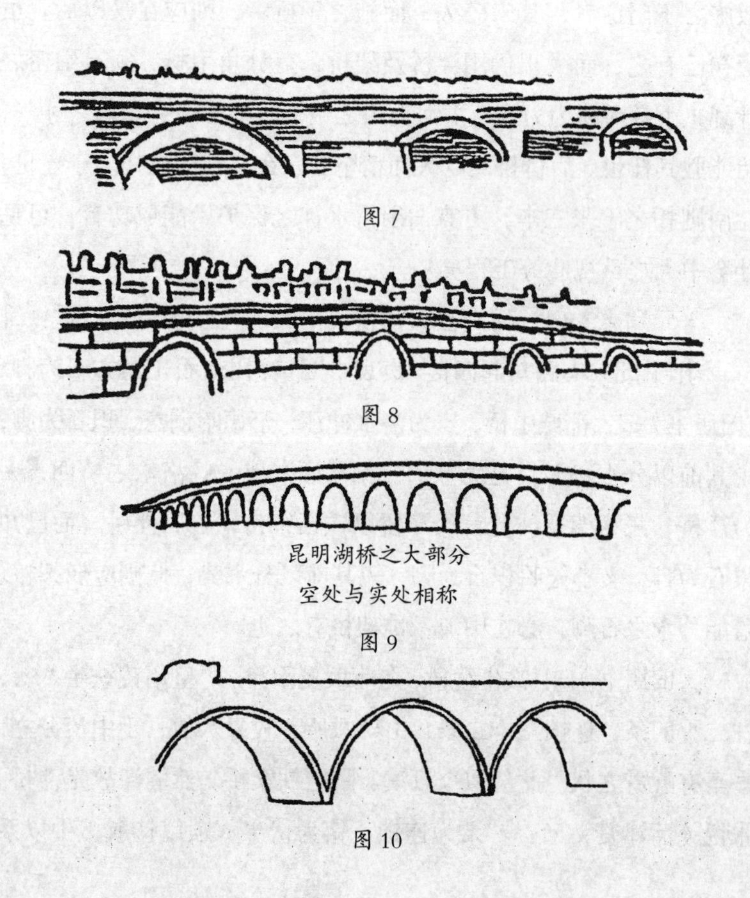

图 7

图 8

昆明湖桥之大部分

空处与实处相称

图 9

图 10

玉蝀桥之分配适意。燕山之建都始于辽，其时工程当然幼稚，故不免过于审慎，力求坚固，不知费材既多，且形势亦不美观。今日颐和园中之长桥（图9），及南方石桥之精者（图10），已无复此等拙致。又涿鹿县鸡鸣山顶，有辽时避风桥，在崇岭危崖之上，雕镂亦精，山顶飞虹，用铜装饰，亦桥之别开生面者也。湖南辰州有地曰明月庵，两峰之间，亦有石桥，距地亦数十丈（图11）。

图11

中国地势，西方为山岳部。西北土人为西戎，后为氐羌。西南则种族繁多，通名之曰西南夷，其中有名筰者，即因筰桥得名。筰，竹索，筰桥，索桥也。首见《史记·西南夷传》《华阳国志》曰：万里桥西上曰筰桥。是此种桥之在西南，其来已久。范锴《花笑庼杂笔》曰：绳桥在灌县西二里（图12）。盐源县东北有索桥；汶川县西一里有铃绳桥；懋功厅有甲楚索桥、有章谷屯索桥，凡此皆竹索也。又曰打箭炉有铁索桥，此则以铁索为桥也。又曰灌县西六十里有溜筒桥，此则桥索之上，又置筒状之物以渡人也。又昭化亦有索桥，上系木匣，以渡文报，此则但以渡物不渡人也。

图 12

凡此皆因山高水急之故，始有此制，故不能见于平原。然西南如云南、贵州，亦有铁索桥，云南者在老鸦滩；贵州者在鸭池河、重安江。

《花笑庼杂笔》又曰：崇庆州有塌木桥，俗名挑（蜀人读音如刁）桥，其制下不用立柱，自两岸厌木于上。镇以沙石，木上架木，层层递出数尺，将至斗头丈许，则以竹为排架于其上，高约数丈，阔仅数尺。按此即西人工程学中之所谓横臂桥也。今西宁县西扎

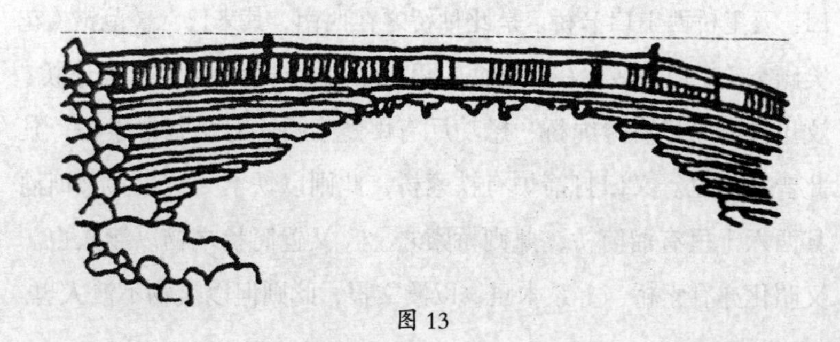

图 13

[illegible]桥，就属此式（图15）。考《沙州记》曰：吐谷浑于河上作桥，两岸累石为基陛，节节相承，大木纵横，更相镇压，两边俱来，相去三丈，然后并大材以板横次之云云。与《杂笔》之记者正合，则西北土人，亦早有此制矣！

【第九章】

坊华表、棂星门附

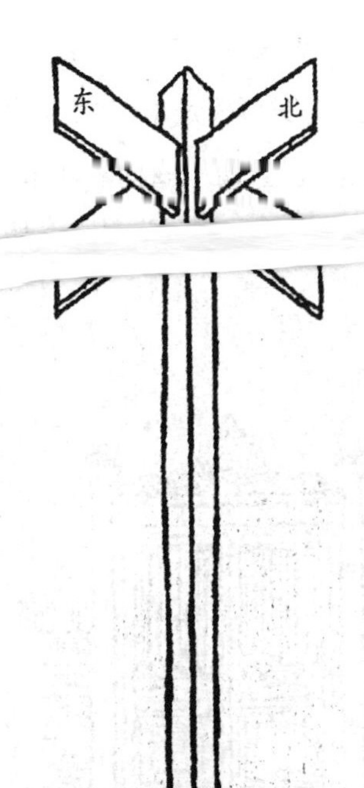

图 1

坊本邑里区画之名。今之牌坊，其原有三：其设于道周或桥头及陵墓前者，由古之华表而来（图1）。华[illegible]
[illegible]也。《汉书注》曰：“县所治夹两边各一桓。”其后讹为和表。颜师古曰：“即华表也。”华表之设，本为道路标志之用，今日犹然，或亦变为装饰之物，则牌坊也。

其设于公府坛庙大门之外者，由古之乌头门而来。《洛阳伽蓝记》曰“永宁寺北门，不施屋似乌头门”，似此式其来已久。《唐六典》曰：“六品以上，仍用乌头大门。”宋李诫《营造法式》中，有乌头门说及图（图2），与今之棂星门甚相似，今世仍有棂星门，又有变为牌坊式者。

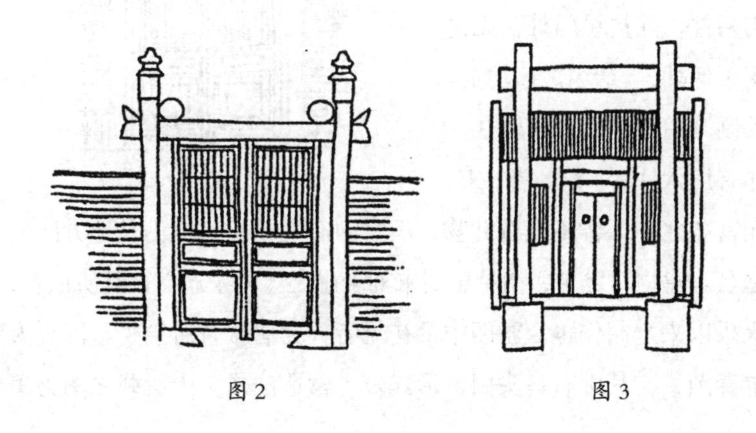

图 2　　　　图 3

其用以旌表者，由绰楔之制而来。晋天福时，旌表李自伦所居为义门，敕曰，其量地之宜，高于外门，门安绰楔是也（绰，宽也。《尔雅·释宫》：楔，门两旁木）（图3）。其所以变而名坊者，度绰楔之设，或在坊门，有时或如郑公通德之制，以美名名其坊。积而久之，遂为此种建筑之名矣！

牌与榜同，所以揭示者也，旌表之法，必有词书于片木之上，揭示于众。故牌者，书字之片木也，坊者，支持或装饰此牌之建物也。

《周礼·职金·注》曰：揭橥，以木榜地也。则此式由来已久，在上之三类中，与华表、绰楔为近。

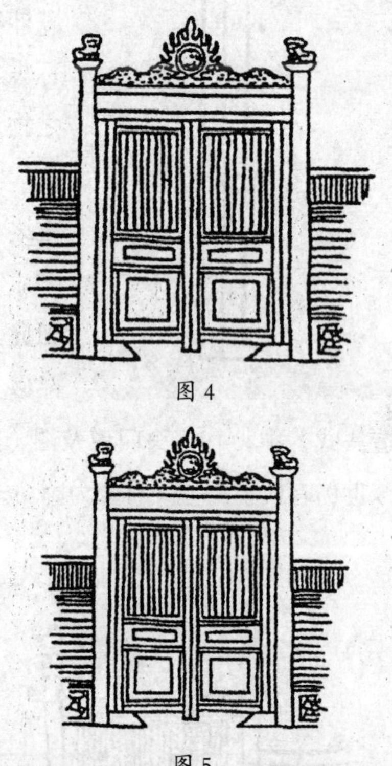
图4

图5

考华表、乌头门、绰楔之制，皆两柱对立，后世棂星门及今牌坊之单简者，亦用两柱，除棂星门外，无论用于何处，今皆名之曰坊矣。其制则由两柱而进为四柱，亦有用六柱者。汉、唐、宋、元宫苑之中，皆不见有此物。汉宫中有九子坊，应仍是地方区划之名。建物坊之名，初见于明末刘若愚之《酌中志》，其所记者，永乐以来之制作也。画图中最初见者，为唐张萱所绘《虢国夫人游春图》，其中有乌头门，形式较《营造法式》中所载之图为美观。彼日月版在两旁，此则居中，联以云纹，且门楣两重，中嵌华版，故较胜也（图4）。牌坊，则仇十洲《汉宫秋月图》中有之，为今牌坊中通柱之一种（图5）。

就上图观之，由周之揭橥，而变为汉之华表及五代之绰楔，厥后由绰楔而又变为牌坊，即今之节孝坊、乐勅坊等是也(图6)。由华表演变者，今仍有最古式之华表，即今道口之指路牌也。有用作装饰用者，如宫门外及陵墓上之华表是也（图7）。有用作牌坊式者，如北京各大街、各胡同口之牌坊；玉蛛桥、积翠桥等两端之牌坊及陵墓上之牌坊是也。在唐时有乌头门之制，似由对立之两柱之中，加以门扉，置于大门之外，此式变为后世之棂星门，今仍有之，如各坛庙之棂星门是也（图8）。亦有用作牌坊式者，又各公署大门外之辕门牌坊，亦属于此。

图6

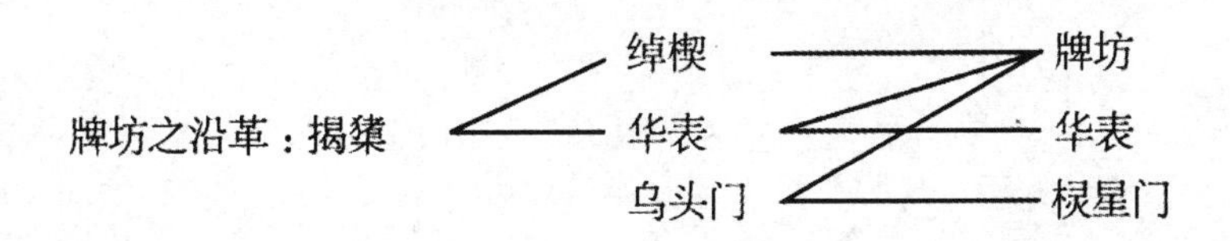

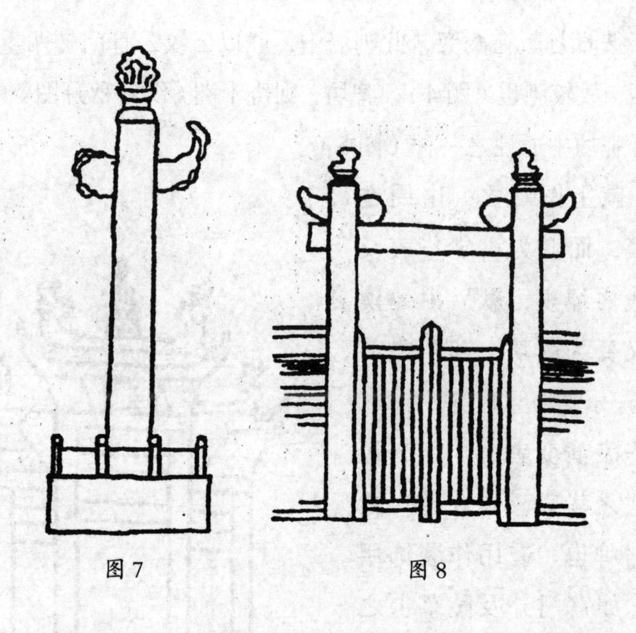

图 7　　　　图 8

【第十章】

门

以上八种，皆形式上之分别，至于所谓门者，则无论何种形式之建筑，皆可有之，似为一部分之名词，非有独立之性质者也。但我国居宅，本由分散之各部分而集成，故除一房一室所有之门外，每一宅院必有总门，此门即为独立者。独立之门，凡有两式：

一为就外垣之一部分，当居宅之前面阙墙而设之者，今曰墙门（图1）。

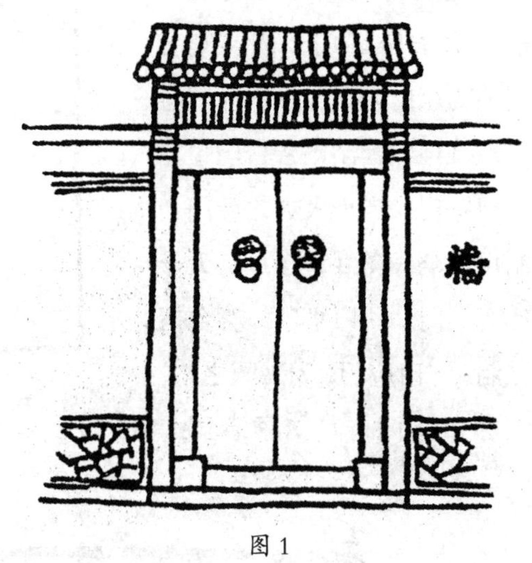

图1

一为设于屋下，就三间、五间之建物，用其中一间为门，上宇下基，皆无特异之处，但门框门扇及其环境，别有装置，是可以谓之屋门（图2）。

以周制考之，自士大夫以至天子，其居宅前面，皆具此两式之门，墙门在外，宅门在内。士大夫之墙门，但曰门而已，无他名称。内之宅门则曰寝门（图3），寝

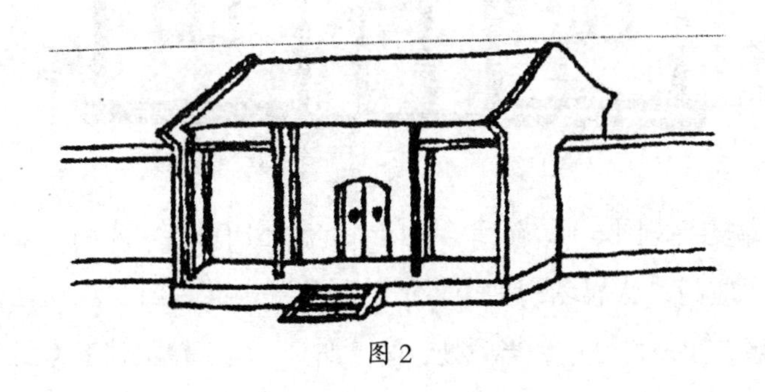

图2

门之制，略如今之屋门，三间之屋，以中一间为门，但其下无基址，而门中有宁，左右两间，皆有基址，与他室等，其名曰塾（图4）。门内再进，即为寝室之庭矣。故士大夫皆二门，诸侯则三门前为墙门两重，一曰库门，二曰雉门，其制则皆台门也，三曰路门。当士大夫之寝门，制度亦略相等（图5）。天子亦有三门，一曰皋门，为台门之制，二曰应门，为观阙之制，三亦曰路门，与诸侯者同，

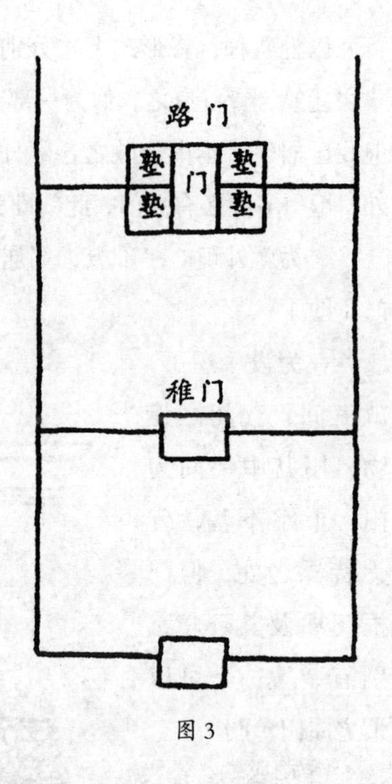

图3

图4

而较为复杂（图6）。路门、寝门，皆属屋门一类。库门、雉门、皋门、应门，皆属墙门一类。但其制度，则有台门、观阙之别。台门者，如今之城门，当门处，垣厚如台，而于台上建屋（图7）。

观阙之制，所谓门者，即为垣之阙处，而于两垣断面，各筑一台，台上有屋，合台与屋，是名曰观，此制惟天子用之；台门，亦惟天子、诸侯得用之。《礼》曰：大夫不台门，诸侯不两观。即指此也。台门者，墙门之发达而近于城门者也。观阙之制，至为殊异（图8），周制如此，秦汉之制如何，已不可考。至隋之承天门，则已显然非此式矣。自此以后，讨论此制，聚讼纷然，直至周祈之《名义考》出，学者始得知观阙之真相，其大略曰：

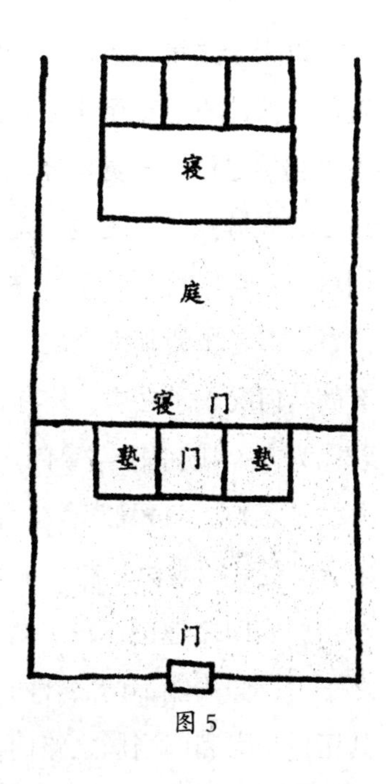

图5

古者宫廷为二台于门外，作楼观于上，两观双植，中央阙然为道。

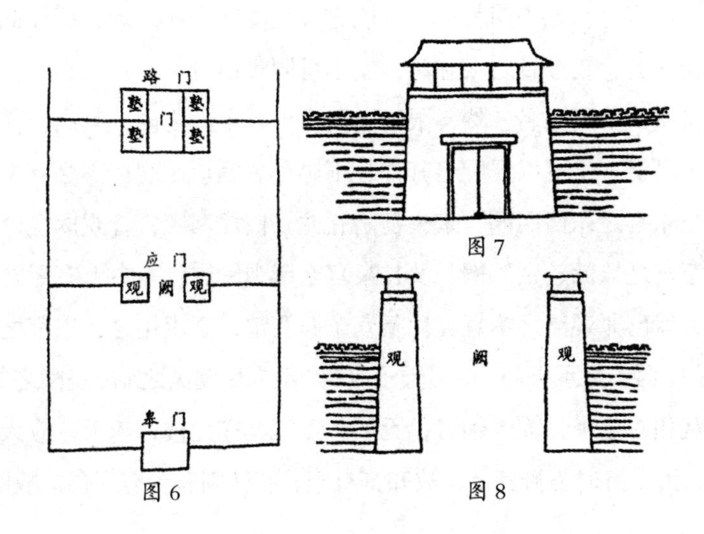

图6

图7

图8

以天子之第二重门，当中无门，而阙然为道，乍听之，似难置信。然此不过千余年来耳濡目染皆台门之制，成为习惯，故对中央阙然之说，似觉可怪。实则，古代城亦有阙。诗曰：“挑兮达兮，在城阙兮”是也。定公十二年《公羊传·注》曰：“天子周城，诸侯轩城。轩城者，阙南面以受过也。”《说文·䉼部》曰：“䉼，古者城阙其南谓之。”故城之有阙，自古已然。城尚可以有阙，何况天子之居，外有大城之门，内有宫城之门（即皋门），若以为守，则亦固矣。皋门之内，路门之外，当应门处，廓然开朗。九衢平若轨，双阙似云浮，此是何等气象，此正古人建筑上善于配合之处。故观阙之制，正如周氏之说，毫不容疑（明、清午门，即当周应门之地位，自观阙之制失传，历代处此，皆无善制。今之午门，固不能不谓之壮丽。然处于其后之太和门，乃不免感受其压迫，太和门当周之路门，为天子治朝临御之所，而处于午门崇基之下，天子当阳之谓何矣？若当年计划之时，能承用观阙之制，移其伟大之气象于两旁，而让出太和门前片广庭，则无论就太和门言之，就午门言之，皆能充分发挥其奇伟之观，而彼此又不相妨害，较今日之太和门，实不可同日语也）。自周之后，秦汉宫室，多用阙名，然不限于路门之外，皋门之内，其制如何，已不可考。汉更以观阙名其楼，不必尽有阙口；观亦不必有两。如长乐宫之东西两阙，未央宫之苍龙、白虎两阙，皆观阙也。至建章宫之凤阙、别风阙，及甘泉宫之诸观，则皆一台上有屋之楼耳，盖已非观阙之本意矣！隋营东西两都，唐承用之，东都之应天门，西都之承天门，皆当天子应门，但未用观阙之制（观阙之制，两观相对之中，为大阙口，无垣、无门、亦无楼，承天、应天两门，天子有时临御其上，故知其有楼，有楼则有台有门矣。故隋、唐之阙，实为台门而非观阙），而仍有阙之名称。宋汴都宫室，当应门处，为乾元门。南都因地势迫促，不能南面，故宫室之制皆未备。辽、金、元皆都燕，辽之宣教门、金之通天门、元之崇天门，皆应门也，而其制不传。明之南北两都，皆曰午门，南都者虽已被毁，基址犹存；北都者即今午门，其制于城门之外，添置两观（图9），已无阙意，而仍用阙之名，此观阙制之沿革大略也。台门之制，今日除城门之外，惟佛寺间用之，旧画中之寺门，多为台门。今热河布达拉庙之大门，即台门也。古者诸侯用台门，清虽王府亦仅用戟门，盖诸侯台门之制，已随封建制度而消灭矣！朝门之制，与屋门同，其特异之处，在三间通连之室，中间为门，而于左右两间之后墙，各列戟一架，其戟之对数，因等级而定。此制，公署坛庙亦适用之（图 10）。

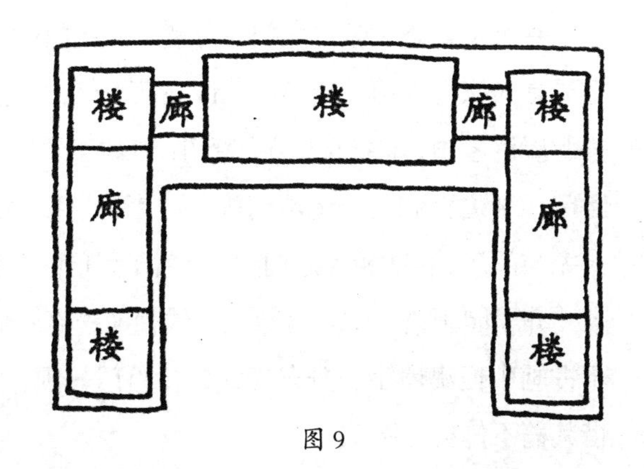

图 9

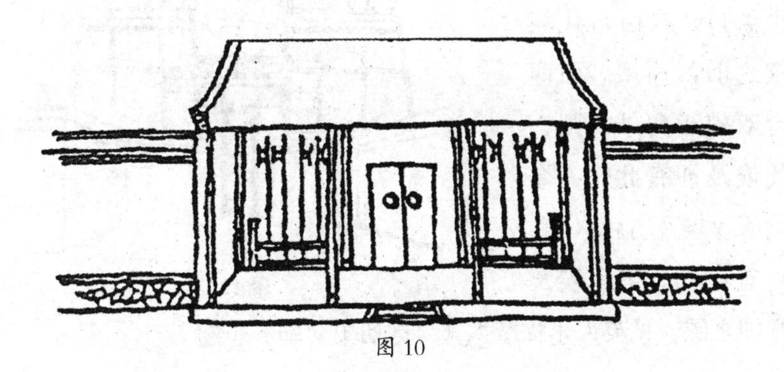

图 10

总上文言之，独立之门，分墙门、屋门两式。观阙台门以下，至寻常人家之大门、衡门（《诗义问》曰：门上无屋，谓之衡门。按此屋谓屋顶，非指全屋）、篱门，皆属于墙门一方面。古之寝门、路门，今之太和门、乾清门等，及署府、坛庙之戟门，以及寻常人家与门房、客厅相连之门道，皆属于屋门一方面。篱门多在郊野，今《芥子园画谱》中具有数式，钱杜《松壶画忆》谓尝与朱野云，于古画中搜集屋宇、舟车诸式，仅篱门一项，已得七十余种云，惜其稿不传矣（图 11）。

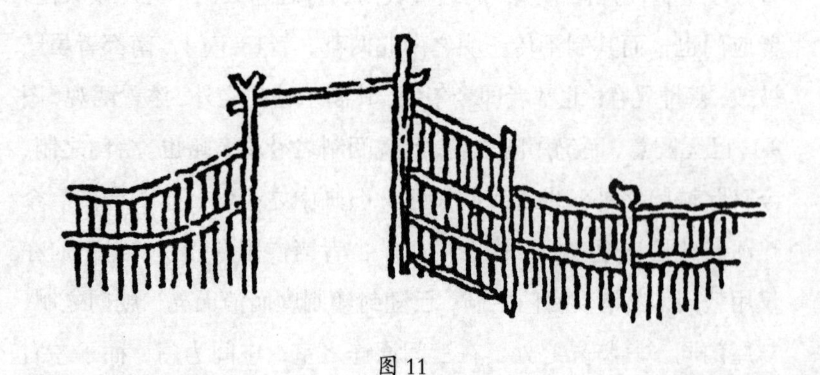

图 11

考观阙之制，中央阙口，自由古代城阙之旧习而来。而两台双植于门外，则古代埃及即有此式，今世所存埃及古代大庙，尚有存此式者。埃及观阙之图，见英人李提摩太《万国通史初编》（图 12）。

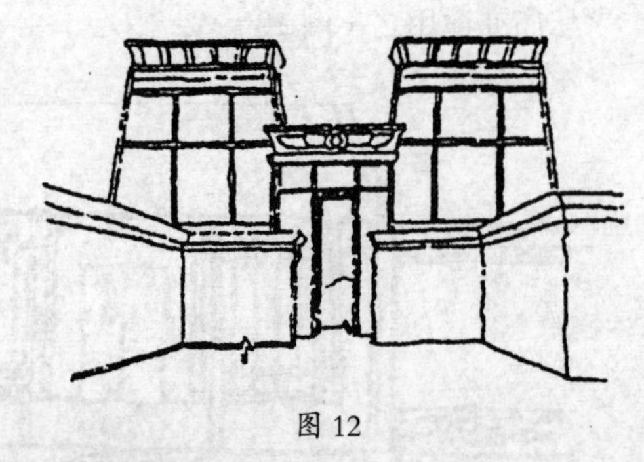

图 12

门之分类如下：

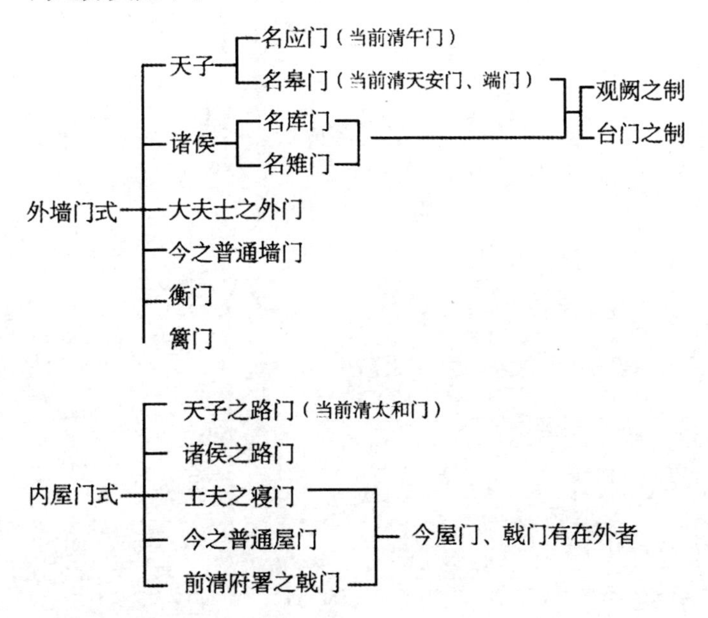
外墙门式
天子
名应门（当前清午门）
名皋门（当前清天安门、端门）
观阙之制
台门之制
诸侯
名库门
名雉门
大夫士之外门
今之普通墙门
衡门
篱门
内屋门式
天子之路门（当前清太和门）
诸侯之路门
士夫之寝门
今之普通屋门
前清府署之戟门
今屋门、戟门有在外者

【第十一章】

屋盖

中国建筑术中，向无一定名词，今为方便计，谓屋上最高处之平者曰屋脊，尖者曰屋顶。

屋字本为建筑物上盖之名，今名曰屋盖，以免混淆。

屋盖之方长者多用脊，圆形或等边形者多用顶（亦间有用脊者）。

有用脊而兼用顶者，南方普通住宅，于平脊之中央加顶是也。有用顶而兼用脊者，除圆形之屋盖外，等边之屋盖皆有棱脊，如四方者四棱脊，六方、八方者，六或八之棱脊是也。

等边屋盖之平脊，除寻常平脊外，又有十字脊，每脊外端之下，各有二垂脊。

在顶下者曰棱脊，在平脊之下者曰垂脊，其实皆斜脊也。但棱脊之位置为辐射的，垂脊之位置为对称的。

中国建筑上现有之屋脊与屋顶，于下分论之：

前后有檐，而中为平脊，左右对墙者，曰两注屋盖（图 1）。

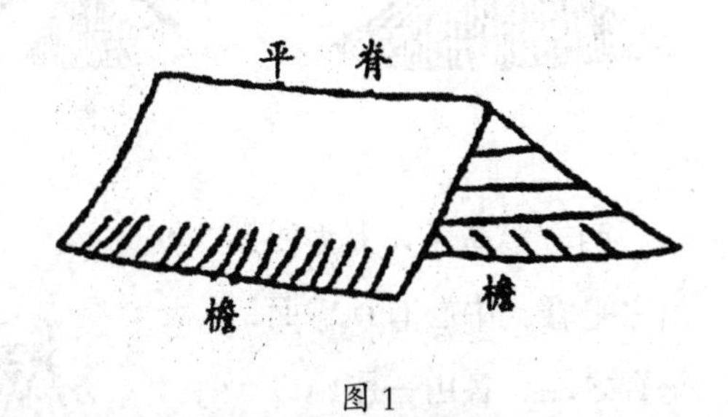

图 1

四面皆有檐，而中为平脊，自平脊之每端，接两垂脊以达于两角，曰四阿屋盖（图 2）（阿，即垂脊，昔人以为今之檩者误）。

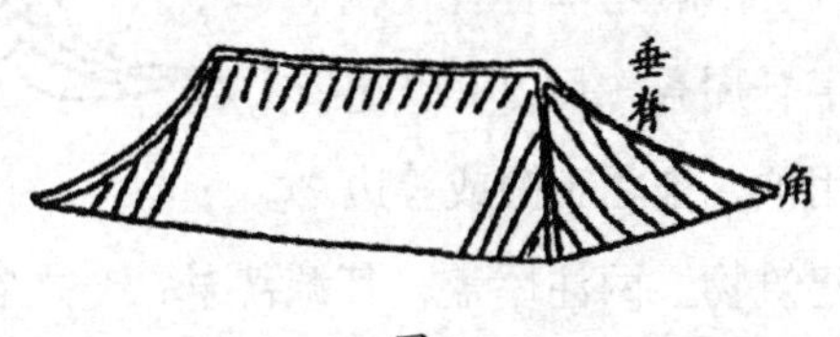

图 2

四面皆有檐，而中为平脊，自平脊之每端折下，成纵面之“人”字形，是曰屋山，再接两垂脊以斜达于两角者，曰四霤屋盖（图3）。两注、四阿、四霤，皆用焦循《群经宫室图》原名。以上皆用脊，施之于长方形之建筑物。

圆形而中攒高顶者，曰圆屋盖（图4）。

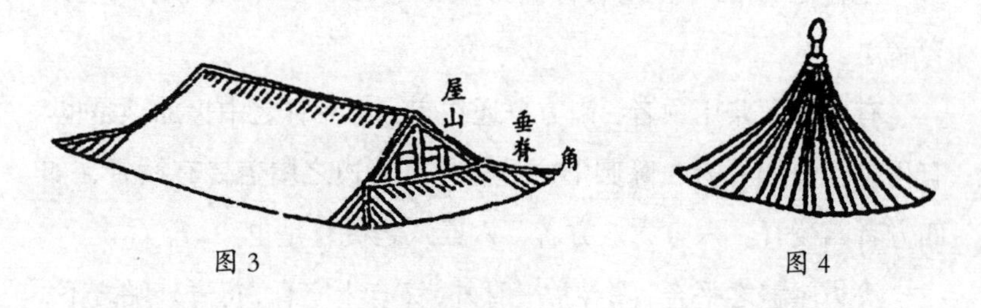

图3　　图4

等边而中攒高顶，分接棱脊以达于隅角者，曰四方屋盖、六方屋盖、八方屋盖（图5—图7）。

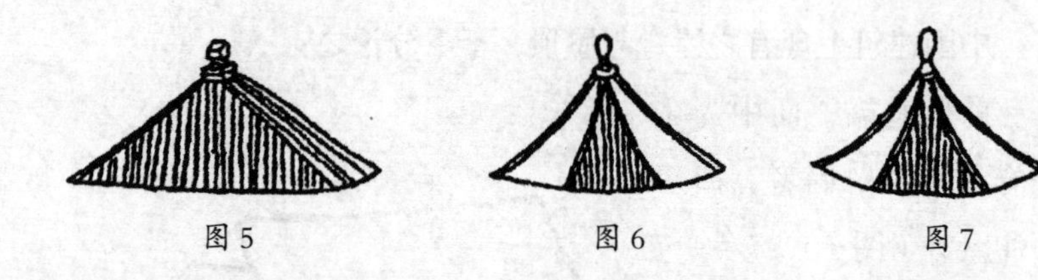

图5　　图6　　图7

图8

四方形屋盖，上为四出之平脊，中心有顶，而每脊之端，各由一屋山以接于四隅之垂脊者，曰十字脊屋盖（图8）以上皆用顶，施之于圆或等边之建筑物。两注屋盖，其源甚早，今之农家看青之棚，即有用树枝草稿编成之物，由两片合成人字形者（图9），即两注屋盖之滥觞。此为居处工程之最单简者，亦即人类居处物最早之形式。盖自吾人未开化之时代，即有之矣。

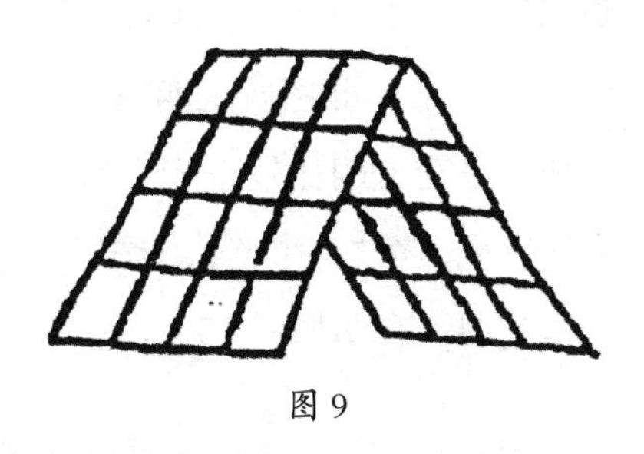
图 9

昔人谓两注屋始于夏，盖亦极言其早也。其实夏前已有之，如舜之茨屋，非用两注，何以下水？

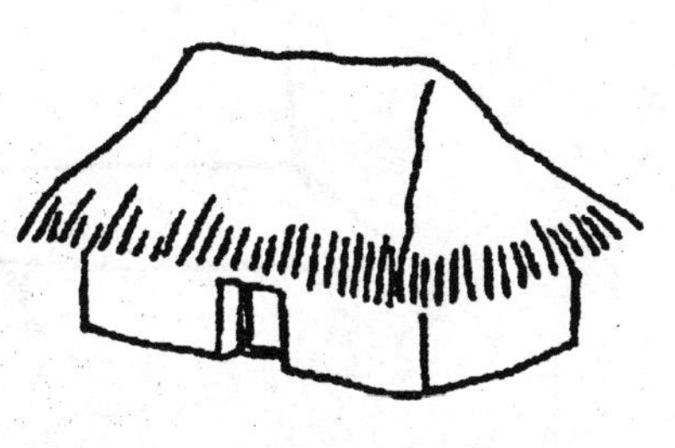
图 10

四阿屋盖，在文化进步后，为最庄严之制度。然吾人之初入农业之时代，即已有之。盖今日之下等生活，每与人类早期之生活法相类，农家之住所，多由土、木、草稿之三者构成，而最初之草房，即为长方形而用四阿之屋盖者。今日南方农家及旧画中之草屋，亦多具有此形式（图 10）。彼壮伟裔皇之太和殿，亦不过由此而发皇光大之耳。盖四周有檐，为避风避雨最完密之法，而非用此式，又复不易结合，故不期而成此状也。

四霤之式，草房中亦有之，然其工程则较四阿者又稍复杂矣（在今代建筑中，四阿之工程较四霤者繁重。然在草屋之工程中，

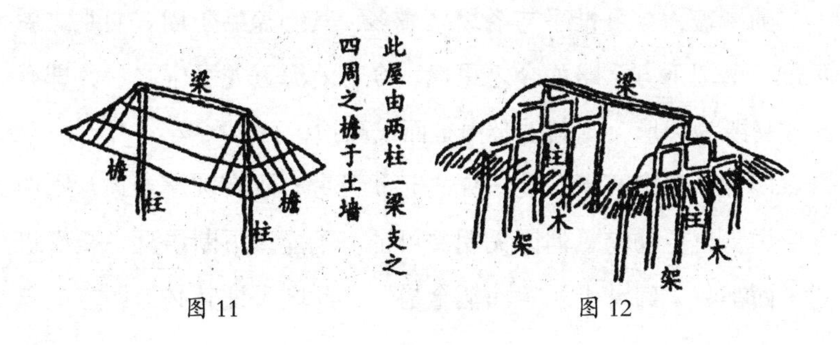

图 11　　图 12

则四阿较四霤为易）。四阿草屋之骨架（图 11），四霤草屋之骨架（图 12），此图较之四阿者，多两木材组成之架，故其结构之成功，必在文明比较进步之后。今日四霤式之保和殿，亦即由此发达者也。考之《礼经》，此式为三代时诸侯以下之屋制，焦循《群经宫室图》有图如图 13。

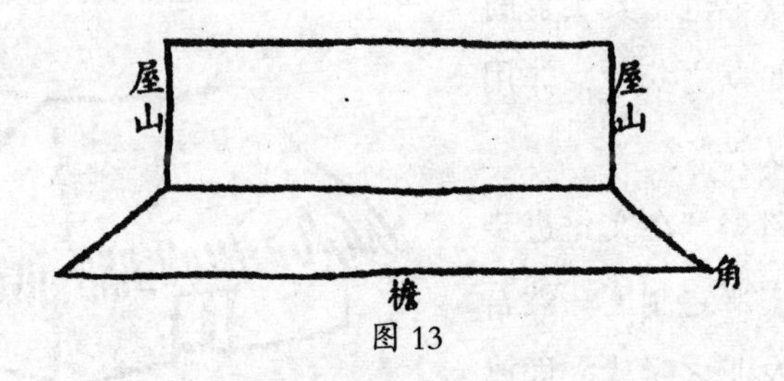

图 13

如焦循所考，则今日之四阿屋盖，为殷代旧制，惟天子得用之。今日之四霤屋盖，为周代旧制，自天子以至诸侯、卿大夫皆用之。据此则明、清两代，太和殿、乾清宫，皆用四阿制，保和殿、坤宁宫，皆用四霤制，亦即我国古代以来，相传之制也。

民国以前，长方式之屋盖，除皇居之外，未有用四阿制者（草房除外）。而四霤者，则庶人亦得用之，然多数所用，皆两注式，此非有体制之关系，盖四霤即周檐，须地势宽广，始相宜也。

以上为屋脊考。

圆屋盖，今日惟亭与塔用之最多，其制盖始于周。明堂之屋两重，上圆下方，略如今之重檐。今日北海五龙亭中之一，即有此式，既为圆形，则其上必攒集而成高顶，自无疑义。

四方而为攒高者，在三代之时无可考，既有圆屋之顶，则四方屋顶，自更易易，但因无明文可征，不能遽下断语耳。至汉班固《西都赋》曰“上觚棱而栖金爵”，此则可证其必为四方屋盖也。班固此文，指凤阙之屋盖，凤阙为一台上有建筑物之楼，在长安建章宫。觚者，三代时铜制之酒器，全形分三部，在足部者上敛下放，颇似屋盖，四隅有棱，颇似屋盖之棱脊（图 14）。四方屋盖，自顶以达于四隅皆有

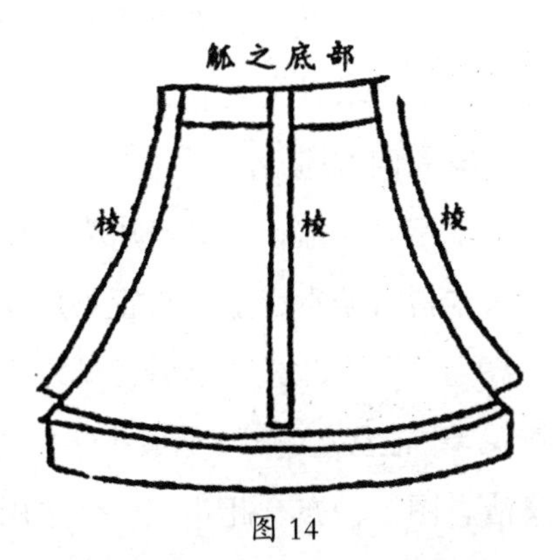

图 14

棱，棱瓦之下即脊也。金爵，犹言铜雀。栖，止也。“上觚棱而栖金爵”，言凤阙之屋盖，四隅有脊，甚似觚之有棱，其颠则又有金爵栖止其上也，此其所以名凤阙也（爵与鸟同，故凤亦可谓之曰爵）。

传世之古画，如唐张萱《虢国夫人游春图》、宋画如赵伯驹《仙山楼阁图》（此又一幅，非武英殿所陈者），及画院之《汉宫春晓图》，其中所有四方屋盖，皆不似今日者之尖削，状如四方之覆碗，以碗底为顶（图 15），再于其上置火珠等，此与觚之足部更相似矣。度此本自汉以来之旧式，直至宋时，犹有存者也（营造法式中所有者，已非此式，此式仅在画中流传耳）。然其形状

图 15

殊不美观，不及今日者之秀削，至当日之所以成为此式者，度亦在工程上力求安全之故。

既有四方屋盖，则六方屋盖、八方屋盖，皆可以类推矣。

十字脊屋盖，始见于唐人画中。王右丞有《凤城春信图》，宋人朱锐有摹本，上海有正书局《名家书画集》中有缩印本，其中高阁，即为此式。嗣后常见之于宋、明人画中，元陶宗仪《辍耕录》中记宫室一篇，始有十字脊之名（《名绘珍册》中元无款《醴泉清暑图》，亦有此式）。今之用此式者，在北平有紫禁城之四角楼、城内之雨花阁、城北之太高殿门前之两亭，及外城之四角楼。城外则旧圆明园中，用此式颇多，今虽已毁，查图咏中可见。今之存者，为碧云寺罗汉堂之中顶。外省则沈阳城中之鼓楼、北陵之角楼、山东东昌府之光岳楼，及光绪十年前之武昌黄鹤楼，亦同此式（此有照片，非宋画之黄鹤楼）。

以上为屋顶考。

除上七式之外，尚有变化而用之者。

于各种屋盖之下，常有于檐下又加一重或两重之檐者，是曰重檐。北平雍和宫法轮殿，本为四霤屋盖，于平脊之上，又加三个较小之四霤屋盖；苏州阊门城楼，是于四霤屋盖之上，亦加一较小之四霤屋盖，是可以名之曰重脊屋盖（此种屋盖，圆明园图咏中亦有之。再前，则见于仇十洲之画中）。

北平南海万字廊，有方胜亭、连环亭，其屋盖由两个方形及两个圆形合成，是可以谓之曰双合屋盖。

中国近代文化，皆显退步，无可为讳。就建筑物中之屋盖而言，今日之所有者，皆可于古人之陈编、旧画中得之。而陈编、旧画中之所有者，今日或往往失传。故国人之对于建筑术，不惟不能就其固有者发挥之，并有不能守成之惧。此无他，无建筑学之故。今举屋盖形式之旧有而今无者数事，以资考证。

（一）方锥十字屋盖：十字脊之小者，中心仍着火珠为顶，盖常法也。此则以方锥形之体，加于广大之十字脊之上，跨于四出之中央，约占十字四分之一，高为基广之三倍，其巅仍做平顶，再置火珠。此式始见之于宋人画中（《太古题诗图》，有正书局名家集中有缩印本）。自应为宋以前制（图16）。

方锥形之体，似由汉、唐之觚棱变来，不过加高耳。下（四）同。

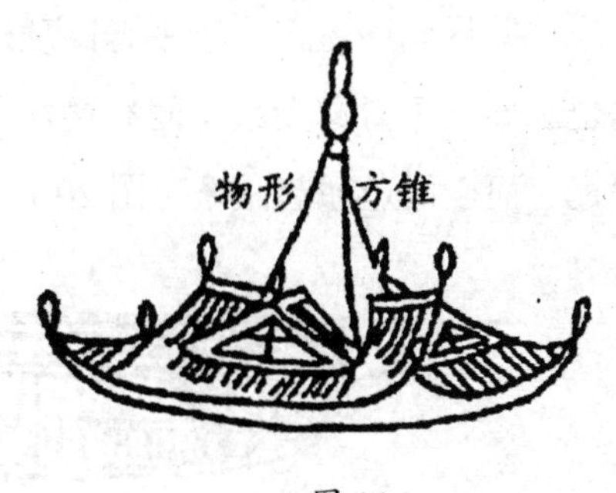

图16

（二）交脊屋盖：此与重脊屋盖相近，但彼之上脊与下脊相交成直角，故两屋山亦在前后而不在两端矣。亦始见《太古题诗图》中（图17）。

（三）三合屋盖：中为四方屋盖，而用两四雷屋盖横置左右，再以平脊由中联合成个屋盖。亦见于《太古题诗图》中（图18）。

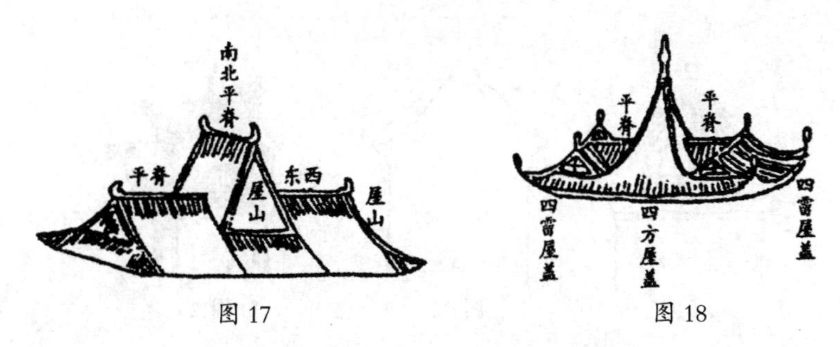

图17　　图18

（四）方锥平脊屋盖：于四阿或四霤屋盖中央，加一方锥体，跨于脊之前后，上为平顶，再加火珠。此式始见于仇十洲画中（图 19）。

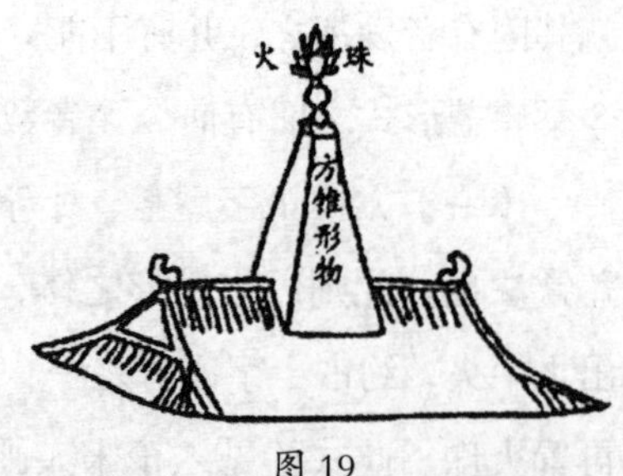

图 19

以上四式，皆基于平脊高顶两式而变化以出之者，仅见于宋、明人之画中。而清代扬州两袁之画中亦袭用之。但在现代建筑物上，则尚未见有用之者。

宋、明界画中屋盖，于平脊高顶之外，更有一式，则瓦形屋盖是也。此式无脊亦无顶（间有再加顶者是例外也），全形如一片覆瓦，而于两边翘起做檐（图 20），此式亦有种种变形，但不

图 20

能出乎以上脊顶所变化之诸式中，今世亦未见有用之者。

以上皆就屋盖之各种形式而言。但无论何种形式，其上必为斜面，所以放水下行也。就其轮廓视之，则为斜线，此线自应以直线为宜。然世界建筑物，于直线之外，又有用曲线者。而欧式

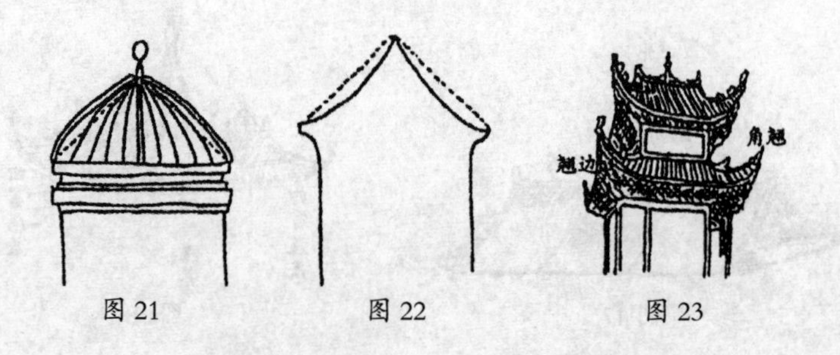

图 21　　图 22　　图 23

之曲线，其中段多鼓而向外（图 21）。中国式者，则皆缩而向内（图 22），且因此而引起翘边与翘角之制（图 23）。

中国屋盖上用材之历史，除被覆之材如茅茨、砖瓦之外，其支承之间架，向皆用木。木之为物，性坚而韧，直支之力大，而横担之力小。中国之间架，向来只知用直与横之两力，直者曰柱，横者曰梁。建筑物愈大，则用柱愈多，柱多则林之似栅，能妨害内空之广大，故不能不减少立柱，而移其重量于梁，于是梁则愈长，所任愈重，而下曲之势成矣。中段既曲，则檐际不能不随之而曲，此其所以有翘边也。两边之相交处为角，边既翘，则角亦不得不随之而翘，此其所以有翘角也。

翘边翘角，其来似已甚久。《诗·小雅·斯干》曰“如翚斯飞”，说者谓翚为雉，雉飞则两翼开张。“翻羽森列”，檐下之列椽似之也。然必翘角之处，始能与上指之两翼两肖（图 24）。征之汉班固《西都赋》中列“棼撩以布翼”之文，尤可为《诗》解之佐证，此翘角之始见于周也。

图 24

《西都赋》又曰“上反宇以盖戴，激日景而纳光”，宇即檐下之名，宇木下向，今曰反宇，则向上矣，此翘边之始见于汉也。至唐代王维《凤城春信图》、张萱之《虢国夫人游春图》，其中之屋盖，皆带曲势，此尤信而有微者矣。

古代屋顶之斜度，见于周官《考工记》：“葺屋三分，瓦屋四分”，“葺屋”草屋也，“三分”“四分”者，郑司农注云：“各

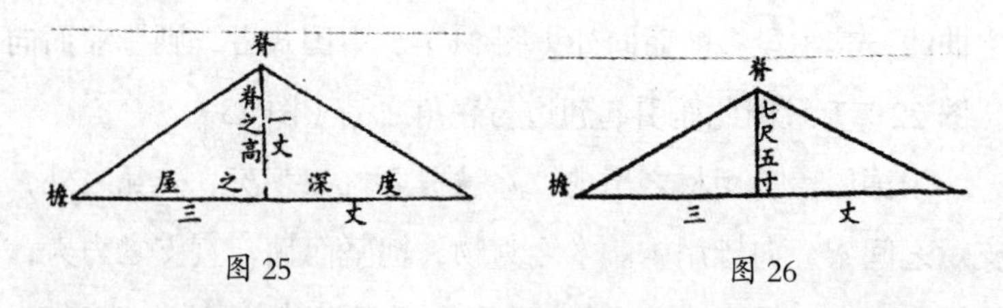

图 25　　图 26

分其修，以其一为峻”。按“修”者，屋之深度，亦即前后檐之距离，“峻”者，脊之高也。如图 25，为葺屋之斜度，屋深三丈，则脊高一丈。然脊高之线居屋深线之中点，故就全体言，为三分之一；就一面言，为三分之二矣。如图 26，为瓦屋之斜度，屋深三丈，则脊高七尺五寸，为屋深度四分之一，然就一面言，又为二分之一矣。此两数与现代所用者，相差无几。

屋盖斜面向上之曲度，在上者峻，在下者平。定此曲度之法，始见于宋李诫《营造法式》书中，即其第五卷中所谓举折者也。“举”者，屋脊高出于屋深线之意。由此，两线之一端，交一斜线，是为屋面之斜度，由此斜线之下，再求曲度，是名曰“折”。

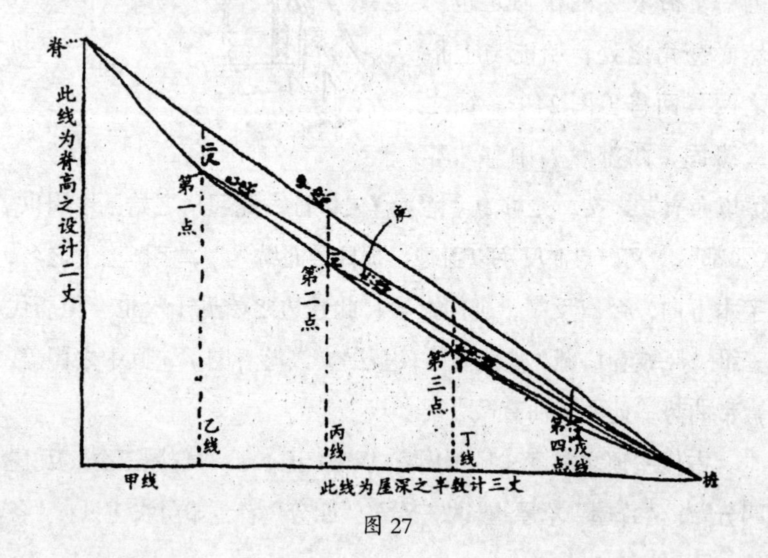

图 27

如图 27，屋深为六丈，其半为三丈，脊高为二丈，由此两线连为斜线，是为甲线。五分甲线，于其下做四垂线，是为乙、丙、丁、戊四线。乙线下缩二尺，是为内曲之第一点也。由此点引一线至于檐，是为己线，丙线对于己线，又下缩一尺，是为内曲之第二点也。由此点又引一线至檐，是为庚线，丁线对于庚线又下缩五寸，是为内曲之第三点也。又由此点引一线至檐，是为辛线，又下缩二寸五分，是为内曲之第四点。再由此点引一线至檐端，不再下缩，相形之下，反有向上之势。此汉赋之所以有反宇之词也。由各点连成一线，上交于顶，下交于檐，是为宋时屋盖上斜面之曲线。

清代曲线，载于工部之《工程作法》中。

就现代国内建筑物观之，在北方者曲度小，在南方者曲度大，故北方建筑呈一种厚重之气象（图 28），南方建筑是一种薄削之意态（图 29）。

图 28

屋盖上被覆之材，其初皆用茅茨。史称舜之俭德，曰茅茨不剪，所以谓之俭者，指不剪而言，非指茅茨而言。《淮南子》“舜作室筑墙茨屋”，此舜时犹用茅茨之证。至夏末季而始有瓦，《古史考》“昆吾氏作瓦”是也。亦有称夏桀作瓦者，大约昆吾为桀作之也，桀本豪暴之君，惟此则为一种发明，至今国内犹利用之。

图 29

《汉武故事》“上起神屋，以铜为瓦”、《明皇杂录》“虢国夫人宅以坚木作瓦”，此则人主奢淫，偶一用之。秦汉之瓦，至今犹有存者，其质皆土，与今瓦同。《营造法式》皇室所用，有瓪瓦、甋瓦之两种。现代民间所用瓦，大略相同，惟宫殿所用，则外敷以各色之釉，曰琉璃瓦。乡村所用，在北方为黄土；在南方者，多为农作物之藁；而山林密茂之区，有用木皮者；有因当地特产，而用薄石片者；海滨则有用鳞介者。

屋上之装饰，在汉代者，有铜雀金凤之属，此见之文字者也，石刻汉画中亦有之。唐画中始有火珠，此则似印之制，随佛教而来中国者。《营造法式》中，有仙人、鸟兽之属，与今世宫殿所用,大略相同,类皆烧土而为之。而南方祠庙中所用，则为垩与藁之所塑，自较陶质者为美，而不耐久。

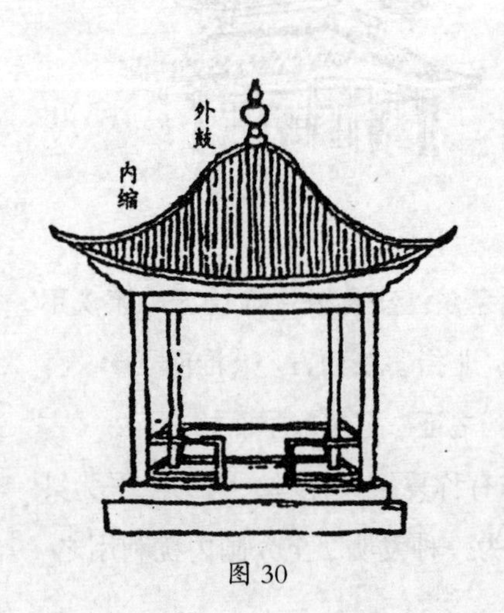

图 30

欧人之论中国建筑者，谓中国建筑物，形式不免单简，而屋盖则颇复杂，此自合古今言之。若专就现世言，则除北方宫殿外，民间之屋盖，其可称为复杂者，盖亦不易偻指矣！

因此，又忆得北京宫殿尚有一式，为平生所仅见者，文渊阁后有一碑亭，其屋盖上之曲线，乃合外涨内缩之两种而成者，即在上者外涨，而在下者内缩（图 30）。此式固常见之于旧画中，而在现世所见者，仅此一处。用是附于篇末，以志吾上之所举，实不能尽也。

【第十二章】

斗拱

巨大建筑物，多用斗拱。盖本立材之端，横材之下，一种助力支持之物也，后世有用于上下横材之间者，则助力之外，又为一种装饰品也。斗拱之基本形式，如（图1）。

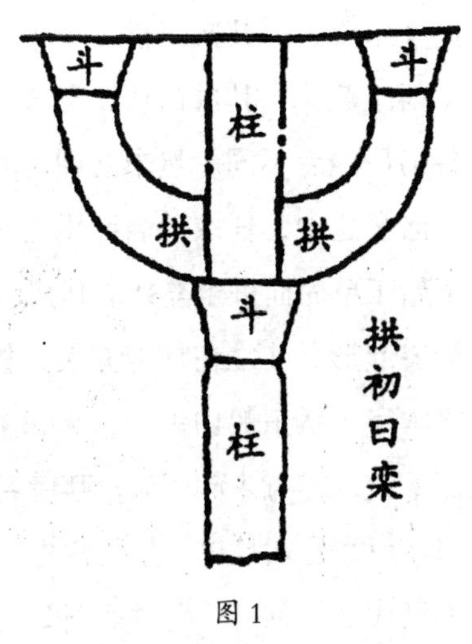

图1

斗之与拱，各为一物，其初但有斗而已。《论语》“山节藻”，“节”，柱头斗拱。其实当周时，但有斗而无拱。斗拱云者，注家当时所用之名词，若但言斗，则是升斗之斗矣，亦借名之，如酒斗、北斗等。斗拱之斗，其取名亦此类也。《广雅》曰，斗在栾两头如斗也，是也。拱字始见于《尔雅》，本为大杙之名，后世用为斗拱之拱。余意其初本是拱字，而拱又出于共，盖古人运输，原有负戴两法，孟子所谓斑白者，不负戴于道路也。负者承以背，戴者承以首，物在首上，必举两手以扶之，故共字做两手向上，“[illegible]”廿者，所戴之物也，因其需两手合作也，故有共同之义意。因其向上也，故又有供、拱、恭诸义。斗拱之拱，恰效两手对举之形，故即名之曰共，而因字形之孳乳，遂又易为拱，为拱矣。《说文》诸说，疑皆后起之义。

《说文古籀补》叔向、父敦共做“[illegible]”，吴大澂曰：古共字，像两手有所执。共手之共及恭敬之恭从心，后人所加也。按此恐有误子，思谓拱子之从手，及恭子之从心，皆后人之所加也。

斗拱之名，不知起于何时，而初见于《论语疏》中，则在汉魏以后矣。最初曰节，见《论语》；其次曰檠、曰杨、曰闲、曰栱，见《尔雅》；其次曰欂栌见扬雄《甘泉赋》；其次曰栾，见张衡《西京赋》；其次曰枅，见《说文》；其次曰卢，见《广雅》。各书虽先后不同，然未必即为其名兴起之先后，不过当时作者，于诸名之中，任取一名而用之耳。以社会进化之理推之，凡物莫不始于单简而进于复杂。其初曰节，节为竹节之本字，节在竹身，为突起形。斗之在柱上亦然，故曰节也。其次即应为卢，卢为鈩之本字（从王船山说），火、金诸旁，皆后人所加。卢形多上侈而下敛，亦与斗形相似，其借名也。亦与借用斗字同例，《释名》曰：卢在柱端是也。凡此皆指斗而言，未有拱也，其见于图画者，为汉代之石刻，单简者如图 2，见孝堂山第七石。复杂者如图 4，见武梁祠京师节女诸石。如图 3，见孝堂山第一、二、三诸石，

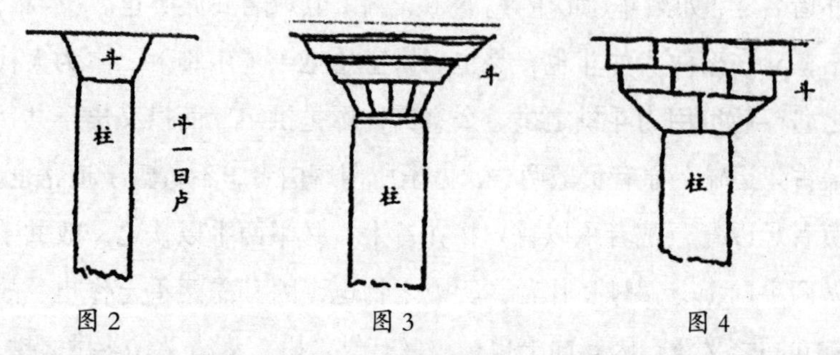

图 2　　图 3　　图 4

恰似一斗形或卢形之物，介于横材之下，坚材之上。此与希腊古建筑中的柱式相似（图 5），特花纹形式不同，且彼为石质，此为木质耳（图见《万国通史前编 · 希腊志》）。

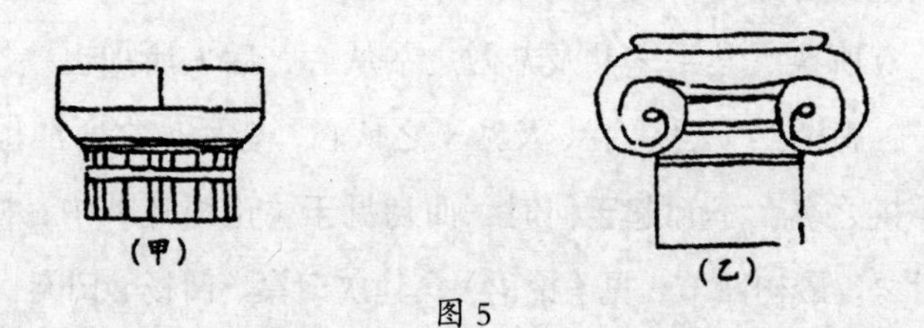

图 5

上文所言，专属于斗，至斗下加拱，自属后起。按拱之为式，亦有演化，最初者应属于析。《说文》“析”屋炉也，斗上横木承栋者，横之似枅也（枅与笄同），其式应如图6，见两城山画像石刻。斗之为物，原以为加宽面积匀分压力之用，此则一斗不足，又于柱上加横木再加两斗以承之也，此为用拱最初之形式。两城山石刻之外，又有汉明器中之遗迹（见穆勒氏书），似此式在当时，亦已占一时期。嗣是而改进者则曰栾，《广雅·释宫室》曰：曲枅谓之栾，盖斗下加枅，已为进化，但其式不免为方板，故又于枅端改为曲形，此纯为美观计也。其式如上图1。汉石雕中，如高颐阙、冯焕阙皆有之，于是又有加为两层者。张衡《西京赋》曰，结重栾以相承，注：“栾”柱上曲木两头受栌者，此则更为美观，而此注之解释亦更明确矣，重架式应如图7。自此以后，愈进复杂。《魏都赋》曰：重栾叠施，则三重、四重

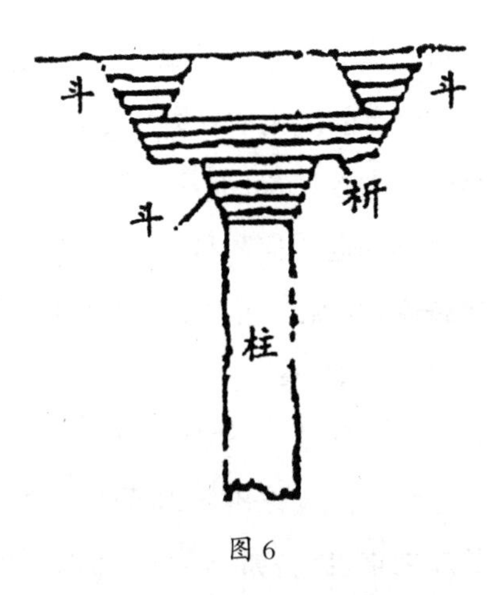

图6

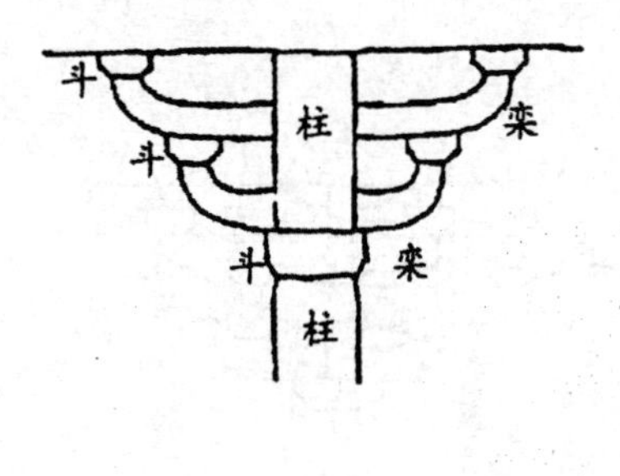

图7

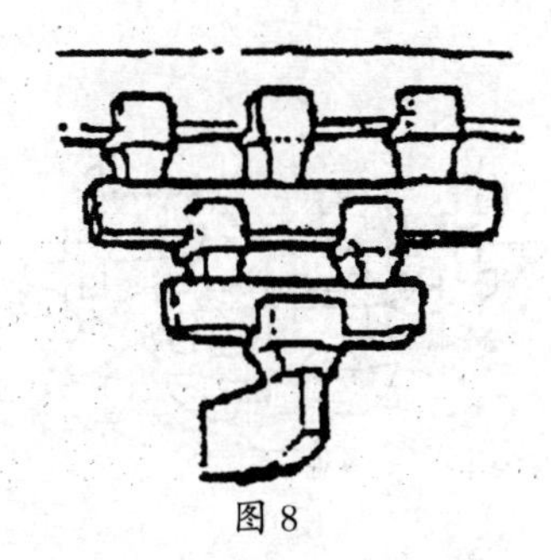
图8

不可知矣。《景福殿赋》云“栾拱夭矫而交结”，则上下两重之外，更有前后相重者矣，其形如图 8。故斗拱复杂之形式，自汉、魏时已大致完备，至唐、宋以来，乃又加有爵头，上下昂之各部分，则又不知起于何时也。其异名又有欂栌、欂、楶杨之称，虽各书之解说，不免交错纷纭，然细加推求，则或斗或拱，仍各有所专属。今分释之如下：

斗：即节、卢、栌、杨。

节：见《论语》山节疏；卢，《广雅》：卢在柱端；都卢，负屋之重也（卢加木为栌，栌享堂已见《甘泉赋》，则卢当然在前，不过今日但见于《广雅》耳）。栌，张衡《西京赋注》：栾，柱头曲木两头受栌者，此不但证明栾即是拱，并可证明栌即是斗。栌，即卢之加木旁者，是亦与斗之加木为料，共之加木为栱同例。盖凡名词字加偏旁者必在后，加监之为槛，竟之为镜亦然（宋李诫《营造法式》料拱图，其柱端之坐料曰炉料），料《说文》屋枅上标。

拱，即枅、栾、楶欂。

枅，《说文》斗上横木承栋者，横之似枅也；栾《广雅》曲枅谓之栾；楶《尔雅·释宫》楶亦作榩，《注》楶，柱上欂也。欂栌并称，栌为斗，则欂自应为拱。楶杨并称，为斗，楶则自应为拱。

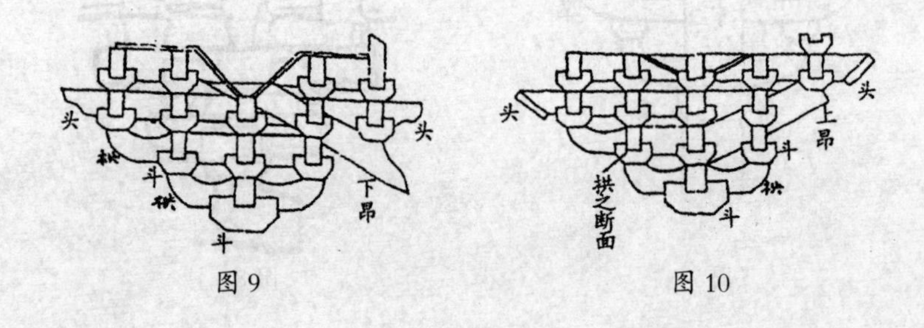

图 9　　图 10

《鲁灵光殿赋》“层栌磥硊以岌峩，曲枅要绍而环句”，本斗拱分举之词。李善《注》谓其一物而互举之，非是。

斗拱亦有总名。《说文》“间，门欂栌也”，此为门上之斗拱。逸周书作《洛解注》曰：“复格，累芝杨也。”焦循曰：其又名芝杨者，其形重叠若芝杨丛生也。此以后格与芝杨，皆认为复式之斗拱，与《论语·疏》之以斗拱释节者正同，皆以当时之所见释古文也。其实周时，但能有斗，不能有拱。余谓复格者，复式之斗耳，其式当如武梁祠及孝堂山诸石刻之所有，见上3、4两图。

以上所言，形式名称，极为繁杂，在名物中不易爬梳，然皆由斗、拱两者相合而成。降至后世，其中又有曰头曰昂者。头者，横材之端；昂者，斜材之端也。皆因结构复杂之故，加此诸材，以相牵合，头多上平而下圆，昂则削其端如楔，故又名槭。《说文》槭，楔也。何晏《景福殿赋》曰“飞柳鸟踊”。李善《注》“今人名屋四阿拱曰槭柳”。《赋》又曰“槭炉各落以相承”，《注》曰“槭即槭也”。斗拱中之有槭槭，实见于此赋此注。宋李诫《营造法式》遂据此以为上昂、下昂之来源。上昂者，端向上；下昂者，端向下也（图9、10）。又引《释名》曰“爵头，形似爵头也”，以为诸头之来源，《营造法式》中皆有详图，兹不复述。

今世所传唐人界画，如王维《凤城春晓图》等，已有复杂之斗拱，尚未见上、下昂之痕迹。宋人苑画中，如黄鹤楼图、滕王阁图，则已有之。故此制与名，或始于魏，或始于唐，皆未可知（若柳即是昂，则始于魏，黄鹤楼、滕王阁皆建于唐，若宋画本于唐，则亦可云始于唐）。若竟以为鸟革翚飞之遗式，未免过于早计矣。

自宋以来，所有此制皆由斗、拱、头、昂四者相合而成。今就一组坐北向南者言之，所有斗拱，皆分指东西，而在俯视图上与之成直角者，为两种横材，此横材自斗中心穿出，实为斗拱之所依托。横材之端露于外者，平者曰爵头，斜而上指者曰上昂，下指者曰下昂，四者之关系大略如此。至其各部分之分记，自因其繁简而异（图11）。

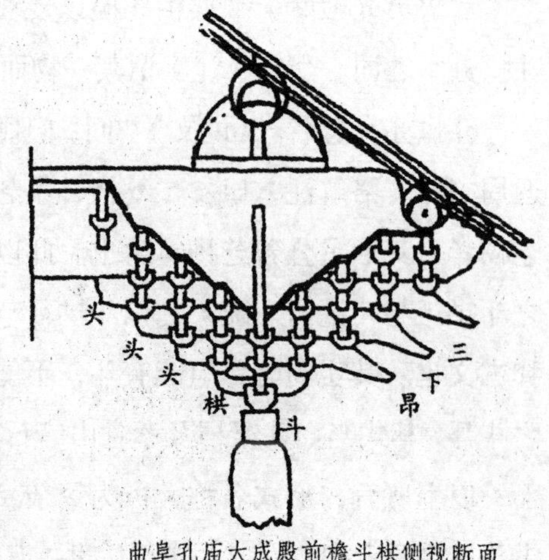

曲阜孔庙大成殿前檐斗栱侧视断面
据中国营造学社汇刊
图 11

斗拱之利用果何为耶？其单个之斗，曰节、曰卢。《广雅》曰："卢在柱端都卢，负屋之重也。"当然，由于负重关系，盖中国建筑，多用木材，屋盖之重，皆托于梁，故梁之需材特巨。而支梁者为柱，其接触之处，即负重之处。故全屋之重在梁，而梁所有之重，又集中于接触之处，此处不惟柱材本身受其下压，即梁材本身亦受其上压。假定梁之底部阔为一尺，而下以铁柱支之，柱端之径，即为五寸亦能胜任，但梁木将不能堪，或将被铁口压入，破坏材面组织。故一尺之梁，假令柱端之径亦为一尺，自无问题。设柱仅宽八寸见方，则接触之处为六十四方寸，而在梁一方面，其外之三十六方寸将不受压，而将其压力转移于八寸见方之内，则此六十四方寸者，将多负三十六方寸之压力，纵不致直接损坏，终觉分配之不当也。又一尺之梁，而支以八寸之柱，不惟边线不齐，且亦显柱材之薄弱，故于此间加以介绍之物，令其一方合于柱，至柱以上逐渐展开，以合于梁，于是压力之分配既匀，而形式亦和谐可观矣。此最初单简之一节或一卢，所以能逐渐发展，以至于今日之斗拱也。

节、卢之名，皆因形似，后名曰斗，则更曲肖。斗之为用，既如上述，有时因屋之进深稍深，或开间稍广，则梁楣亦因之较长，仅有一斗，亦嫌单薄，于是由斗之左右，各添一斗，以承梁或楣，其下则加横木承之，此横木之两端承斗，中则穿于柱心，恰似枒之穿发髻而过，故即名之曰枅。于是梁或楣与柱接触之处，又添两倍之面积，而每方寸所受之压力既可稍减。而枅既穿柱心而过，则自两斗分来之压力，亦可传于柱穴之底面，于是柱身接触之面积亦加，而压力亦可稍减（枅之穿下亦有斗形，此非原斗，盖装饰品也）。此在既知用斗以后，当然应有之进步（但亦因其用木材之故，若欧洲之用石材，则不能有此演进）。至由析而变为栾，则在形式上又较为美观，其所用之曲材，或剥用天然之曲木，或煣木以为之，或划木以为之，当日必非一法，至此，已告一段落矣，此式应如前第 1 图。今南方旧建筑中，如家祠、庙、寺等，不少留遗之物，因其恰似两手对举之形，故又名之曰拱。斗与拱之两名词，比较其他者尤恰当，故后世沿用者多，今日殆成定名矣（近世世界建筑学家，皆知有中国之斗拱）。

古代贵族之居宅，其主要者为寝，寝之制后为室，前为堂，堂皆三间，其前无壁，故檐柱与中柱皆孤立。因其他处之梁楣，有墙壁以助其支持，此两处则全压于柱也。进而有析有栾，亦当由此等处发达。中柱有之，则为两柱间空处之对称计，则檐柱亦应有之。檐柱之内面既有，则外面亦应有之。檐柱之外面为檐下，此处斗拱，已非上承于梁，而上承于榱题之下，于是斗拱位置，乃由梁下而延及檐下矣。檐柱本孤立，北为梁，南为榱，东西为楣，其上为桁，梁榱之下既有之，则楣桁之间亦应有之。于是与梁榱平行之斗拱，又进而与檐桁平行矣。此际之檐柱，四面皆有斗拱，分指四方。再进一步，为联属此四向之斗拱为整个形计，于是复杂之形制以成，然此皆不能离去柱端也。至于位于两柱之间，桁下楣上之斗拱，则当更在此后也。士寝之平面如图 12。

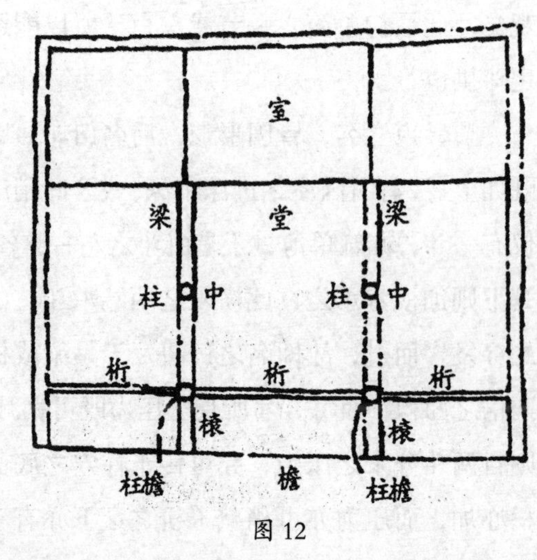

图 12

檐下之斗拱，有上承于榱者、有上承于桁者，其重要不下于梁下之斗拱。盖中人以木材建筑，为蔽风蔽雨计，故檐之进身皆深。檐深则榱长，而全檐之重量，又全压于榱之前题，重点在榱题，支点在柱上，彼端又无相称之重量，故榱之下需有助力支持，此自易知之事。至桁下之斗拱，乍观之似近空费。然使此屋之开间甚宽，则檐际之桁必加长，而因上承瓦列之数加多，则其中段亦必感觉负荷之过重，故在檐衔之后，柱桁之前，再加一桁、两桁，承以斗拱，使之上抵于椽，下压于楣，亦可使瓦椽之重，不全集于檐桁之上，如是可以保持檐桁之水平，不致有中段下挠之弊，此亦形式上之不容轻视者也。至于后檐及左右檐之斗拱，及屋内四周之斗拱，或基于美观上对称之关系，或基于重量上平均之关系，要皆各有其不能不用之处。惟相沿既久，容或有非必要而专供装饰用者，然当其初，固必有其设置之原因也。

为形式美观计，斗拱与屋面之斜度亦有关系。余在美国时，见西班牙式住宅，其檐之深与我国同，然檐下无设置斗拱之必要。此无他，因其屋上之斜面为直线故耳。中式建筑物之大者，其斜面皆卷内缩之曲线，因循而至檐际，则显削薄之势，故其下不能不有衬托之物，否则愈形削薄，此宫殿之所以不能不用斗拱。而协和医院建筑，因用材之不相宜而减去（闻计划图原有斗拱），遂令观者有美中不足之感也。然南中建筑，亦于斜面上用缩线，而用斗拱者甚少，盖已变其形制为卷棚，其能补救削薄之弊，与用斗拱同，而工料则比较少费，此亦演进中之又一式也。卷棚如图 13。

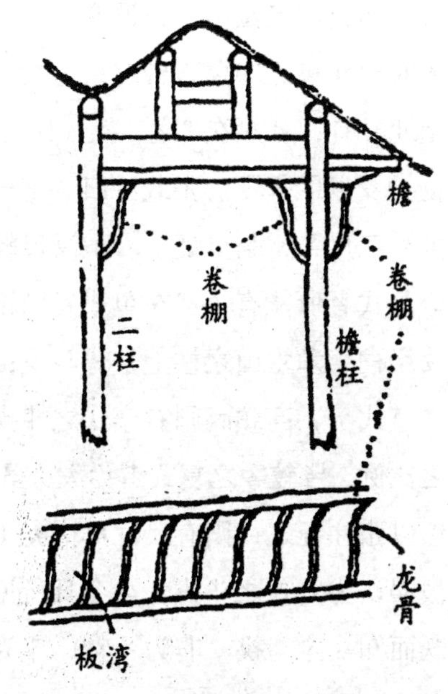

图 13

斗拱之前身尚有枝梧，其在梁下之作用，与斗拱同。《史记·项羽本纪》注曰：小柱为枝，斜柱为梧是也。此亦因其梁之过长，于柱之上段，设小柱以斜支之，如图 14。其助力较斗拱为大，然形式则殊不美观，后世用之绝少（今南方尚有用于檐榱之下者），盖自斗拱

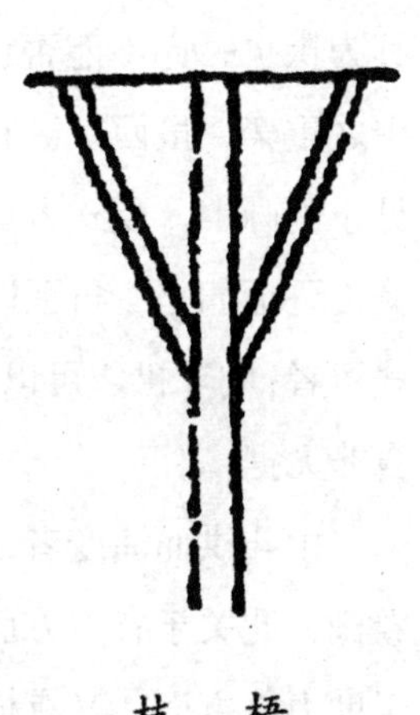

图 14

发达而自归淘汰矣。或谓两者之大小不相侔，恐非一事。不知今人对于斗拱之印象，皆北京宫殿之复式者。而以中国幅员之大，南北异宜，南方单式之斗拱，其长达五六尺。《鲁灵光殿赋》“芝杨攒罗以戢孴”。张载注曰“芝杨，小方木为之，樘梁栋之上，各长三尺”，是可证也。虽汉尺较今尺为短；然三尺之斗，亦非今复式者所能有，然在单式者尚不能谓之长。即证之于汉石刻，武梁祠、孝堂山之柱上，皆斗也；两城山则有枅式之斗拱（拱为平直式），高颐阙则有栾式之斗拱（拱为曲式）。其体式与其屋之比例，皆较今之复式者为大，虽古人艺术幼稚，比例不能适合，然以张注证之，则有尺寸可稽矣（诸石刻中，斗与单个斗拱，常被误认为复式之斗拱，与今日所见相同者）。余在先亦同此误，既而知斗之与拱，非为一物，斗为方木，拱为曲而长之木，孰是以求，则孰为斗、孰为斗拱，孰为复式之斗拱皆了然可辨矣。一个之斗有方层叠出者（如孝堂山、两城山等），此实为误认之由，实则其中毫无拱之痕迹也。如两城山两斗之下，一斗之上之卷，其为拱也，亦不能否认也。刻画中可见者仅此。至如张衡《赋》中之重栾，虽西京已有之，然尚未见于刻画中，复式者更无论矣。图藏之可证如是，再证以今日南方之残留者，则斗拱之可以代枝梧而兴，自非无据。

图 15

由斗拱而演变者，又有南方之卷棚，此关于省费方面者也。其关于助力之方面，又有横材与竖材间之角牙，是则南北皆有之。不特屋宇，即木器上亦用之，是制其来已久。余意其初，亦以助支持之力，其用不过使梁下悬空之处少，有托之处多而已。其式与枒同，不过无斗而已。在其上雕刻花纹，固无不可，至镂空以求美观，则支持之力减矣。惟其花纹间，常有杂以小斗拱形者，如图 15，正可证其来源之所自，且可证斗拱最初之位置固如是也。

社会中无无故发生之事物，以今日北方之斗拱，其形式如是之繁复，而仿作者，皆不惜靡费而为之，则望之而不得其解者，固自大有人在也。若得其兴起之源，与其逐渐发展之途径。古人曰，其作始也简，其将来也巨。则斗拱之演进，亦与其他之演进者，正同一公式耳。其初皆由于实用，其后则形式愈繁，实用图 15 愈少，则斗拱之在今日，或者亦未能免此乎？余之为此文，亦正以见古人制作之初，自必有其不能不用之故，非但为美观也。

【第十三章】

城市

中国历史上，常有一壮大之营造，即首都之建立是也。中国古代，有选定一片空地创建首都之事。最初为周代之东都，其次为隋代之东、西两都，其三为元代之大都，其四为明成祖之北京。此五都者，皆选定区域合城市、宫室作大规模之计划，而卒依其计划而实现者也。周都原为镐京，在今陕西省西安之西。至周公相成王时，始于洛水之阳，营洛邑为东都，以朝诸侯。东都合两城而成，西曰王城，东曰成周，相距四十里。隋大业元年（605年），于两城之间建新都。唐承之，号东都。唐之西京，则隋开皇元年（581年）所建，在旧汉西京之东南，其初亦号新都，至唐始号西京。幽燕定都始于辽，即就唐幽州旧城扩充，金承之，至元世祖，始于金都东北，依三海，建大都。明取大都后，毁其宫室，至成祖时，始建北京。其时元宫已尽，一切照南京规制重建，城廓东西稍缩，南北则移南里许，中心点亦稍移而东，即今鼓楼与旧鼓楼大街之距离也。故明之北京，虽就元大都故地，而城廓宫室，则完全新创，即全城街道，亦完全由公家规定，故北京大道之整齐，在全国中可谓无两。世界艳称我国万里长城，其实创立新都，如能如今日北京之所示者，其魄力亦自不弱。故我国建筑界中，如周公、秦始皇、隋文帝、炀帝，及元世祖、明成祖六人者，皆可谓之人杰也已。

都城之规制，周之东都已较完备，如图1。其制，外为王城，作正方形，方各九里，每方三门，城内经途、纬途各九，途广今七丈二尺，城之正中为王宫，亦正方形，方各三里，南垣正中为皋门，前为三朝，中为内朝，后为三市，是为周制。秦都咸阳，在今西安西北，其制如何，已不可考。汉都长安，即今西安，其地本秦离宫，高帝七年（前200年），始修宫城，惠帝六年（前

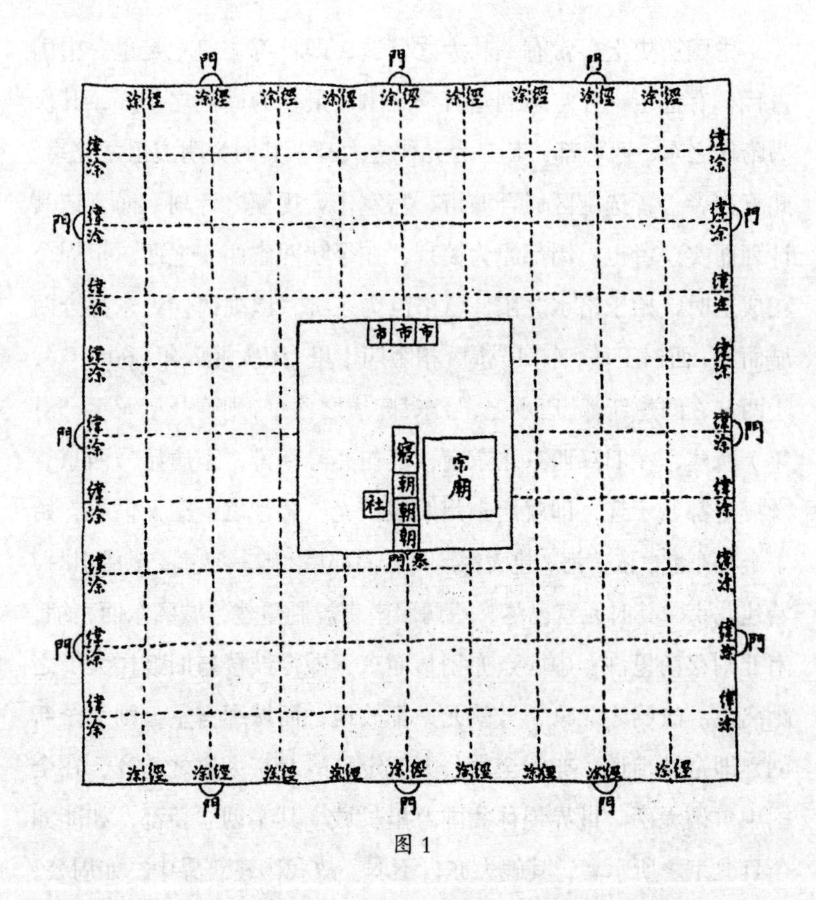

图 1

189 年），始筑大城，周六十五里，南为南斗形，北为北斗形，六十二门，皆有通道，以相经纬。宫城在大城之中，宫之大者为长乐、未央，各为一局，无集中之势。各宫之中，有为通道所隔断者（图 2）。唐之西京，亦在长安，然非汉京故地，在其东南十三里。隋开皇二年（582 年），就龙首原经营，始名新都。唐承用之，改名西京，其制，宫城在北，皇帝所居，南为皇城，百司所在。两城共为一区，东西四里，南北共六里，外廓城包此区东西南三面，民居在焉，东西十八里半，南北十五里（唐制六十

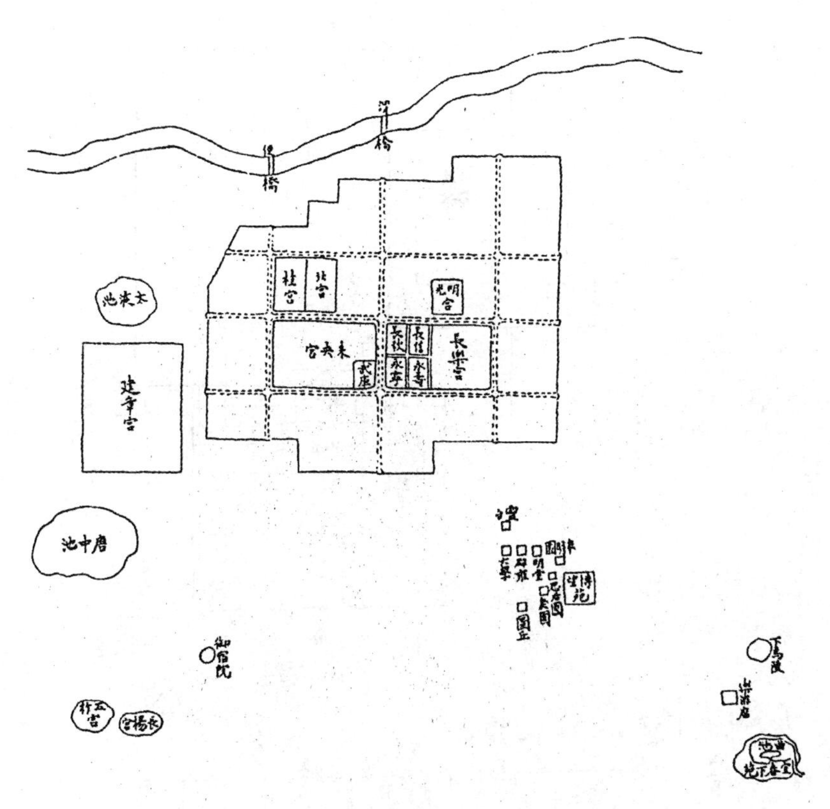

图 2

步为一里），内有东市、西市。宫城外廓，城之北面，全为禁苑，东西二十七里，南北二十三里，包旧汉长安全城于禁苑西部（图 3）。东都为隋炀帝所经营，宫城、皇城与长安同，西为禁苑，包周之王城于其中，东与南为外廓城，隋时亦名新都，唐改东京（图 4）。唐代本居西京，中惟武后居东京，旋还西京。天佑元年（904 年），朱全忠迁昭宗于东京，尽毁西京建筑，自城廓宫室，以至公署民居，无幸免者，甚至颓垣剩基，亦皆炉尽，此真古今未有之浩劫也。宋都汴梁城，周二十里一百五十五步，宫城在城西北隅。后

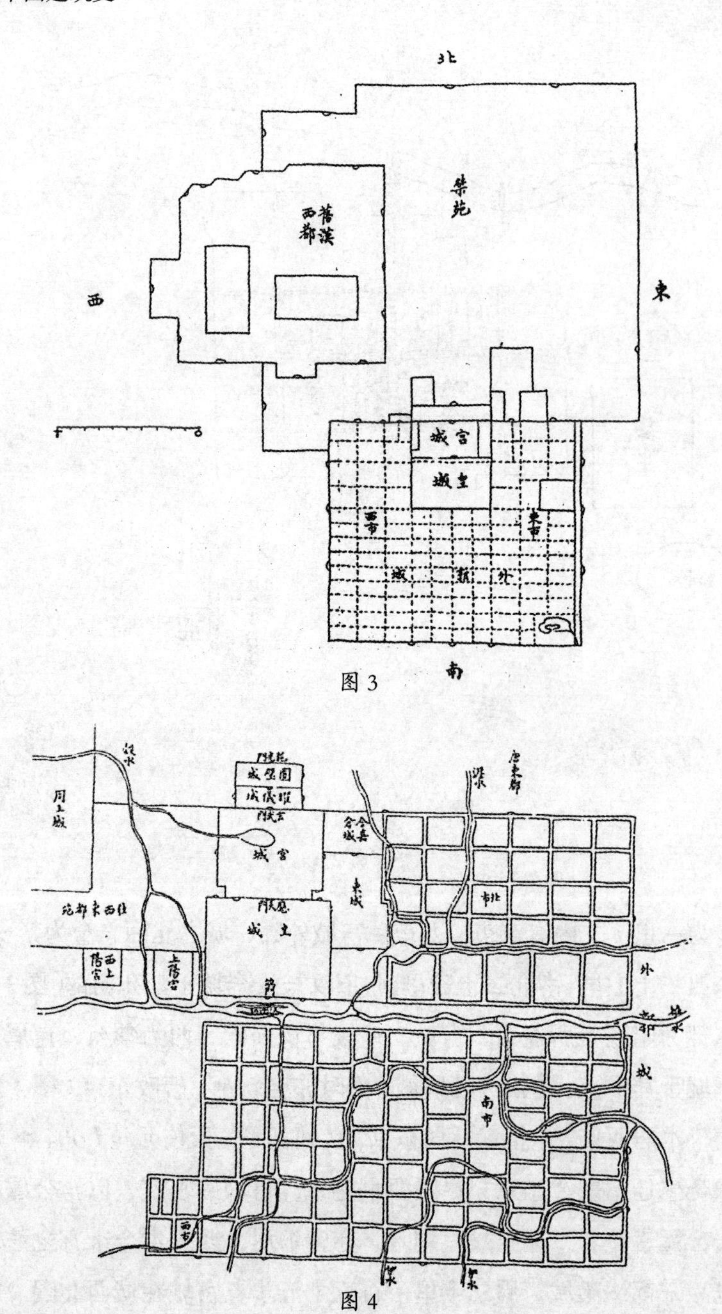

图 3

图 4

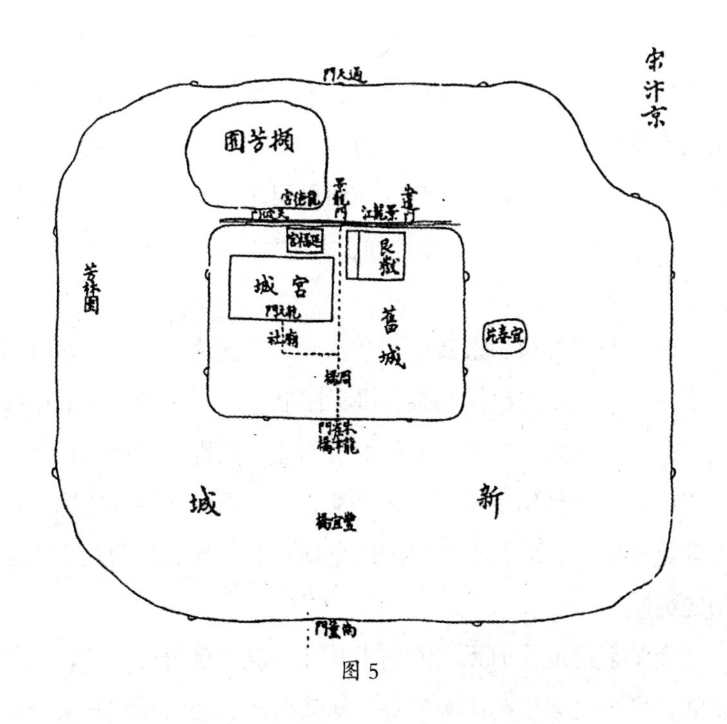

图 5

广新城，周五十里一百六十五步（图 5）。辽取幽州建南京居之，大内在西南隅。金时号为中都，广城西南两面，于是大内原偏西南者，此时遂位于城之中央，而仍广其南部，使近南垣。元更于金京东北郊外建新城，号曰大都。宫城南面，直接城之南门，而当东西之中，其城之南垣，当今之东、西长安街地。明取大都，尽毁元之宫室。至成祖复建北京，又毁元时城垣，仅留民居。至此，元之建筑，扫地尽矣。北京宫室，就元故墟，而因其西面逼近三海，乃稍移而东。于是前之正阳门，后之鼓楼、钟楼，亦相随而东，然崇文、宣武两门，因民居之关系，东西两大道不能东移，遂仍其旧。故今正阳门距崇文门较近，距宣武门较远也。东西两垣亦内移，南垣移南里许，北垣移南三里许。元时，东西本各三门，因北垣内移，故东北、西北两门皆废。今之东直、西直，元时东西两中门也。规制，则宫城居中，名曰紫禁，其外围以皇城，皇城内皆禁地，除宫室外，仅有内官各署，外廷官署，则散布大城各处。清人入关，都于北京，一切仍明之旧，惟开放皇城，以居满人之亲近者。于是三海西北面，始建宫墙（辽、金、元、明都城，合图见6图[①]）。

合周与汉、唐、宋及辽、金、元、明而论之，周制宫城居大城之中央；汉则与民居相杂，漫无限制；隋、唐则宫城之南又加皇城，而偏在大城之北；宋则偏于西北；辽则偏于西南；金始正位于中央，而稍偏于南；元之大都亦然，而皆无皇城之明文；明则渐近于中央，而又于四周围以皇城。盖合周、隋两代之制而参用之矣。

金中都遗址，旧无人能确指其处，仅借燕角楼一名，知其东北隅，借今之天宁、法源两寺，知其东面、北面耳。其实今外城西南隅之外，郊野之间，有土垒两段，一自北而南，一自西而东，若断若连，约七八里。《日下旧闻考》载之，而不能定为何物，其形式与城北元城遗垒无异。民国四年（1915年），内务部职方司所定京师四郊地图，其中有此符号，若就其方向引出直线，两者相遇，恰成直角。若假定为一城之西南垣，再由天宁寺北，画一东西直线，由法源寺东画南北直线，而交角于旧传燕角楼所在之处，则东、北两面亦成立矣。再西延、南延而与土垒之线相遇，则金都遗址赫然在目矣。京都既得，则辽京亦可以推想而知之矣。

上所考，皆属历代之都城。至国内新旧各城镇，将近二千，

---

① 原书此处无插图。——编者注

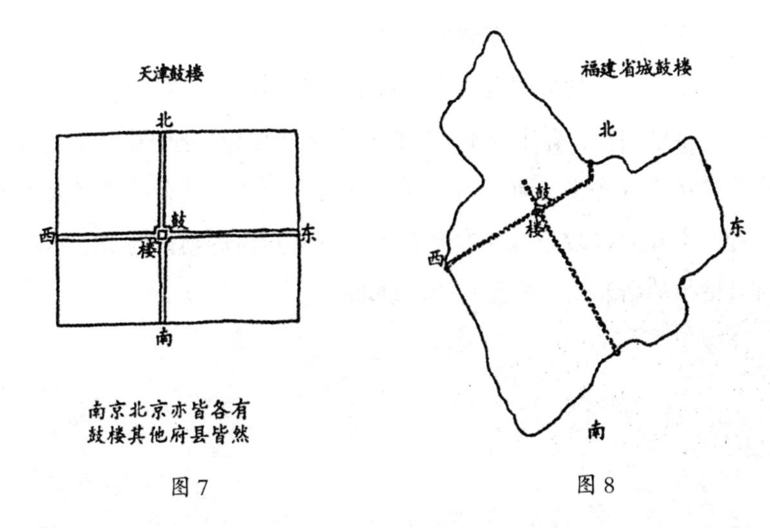

图 7　　　　图 8

各有其沿革之历史，载在各地方志乘，形式亦至不一。然南部、北部，因其地势之夷险不同，北部平原城，多为正方形，正向四方；南部则因丘陵之回互，与水流之方向，多就形势为之，常为不规则形；山岳之部，更有跨山越谷，致全城形成斜面者。而无论南北，又有一共同之点，则城中大率有十字街，为各门通道之交点。旧日交点处，常有钟、鼓楼之建设，屡经兵燹，此建物之存者亦稀矣，而钟、鼓楼之留其地名者，尚不少焉。姑举南、北两城以为例（图7、8）。

城垣之材，南方多用石，北方多用土，其重要者多用砖。然今日北京城垣，虽全用砖，而在元代则尚用土，故元时城外四周，皆留苇塘，秋后刈取苇藁，编为帘薄，以备冬时覆城，盖防雪冰之毁坏也。史称赫连勃勃，蒸土以筑安定城，虽利锥不能入。李克用筑蔚州城，坚逾于石，今尚巍然如故，则虽用土，亦未尝无坚城也。筑城之土，多就城外取之，即省远运，又可留作池隍，故城愈高，则池愈深。故有城即有池，于是城池相连为一名词。

不过日久则池废不修，多数填为平地矣。

城中市道，其整理之情形，有见于汉人词赋中者。《西京赋》曰：“廛里端直，甍宇齐平。”此即西人市政论中所谓屋基线也，此就檐宇亦求齐平，可见古人对于建筑之程度。或有疑其夸大不实者，不知此种政令，在专制君主之下，甚易达到目的，不然，何以整个的新北京，能在明初实现耶？

【第十四章】

宫室

宫室之制度，亦至周而备。其制南为三朝，中为寝，左庙右社，西北为囿，后为三市（撷其要言之，曰前朝后市，左庙右社）。城内四方四隅，城垣之下，皆宿卫也。再详陈之，宫城正南即皋门，内为外朝。再进即应门，（观阙之制），内为治朝，亦曰中廷。再进为路门，内为燕朝。再进即路寝，天子之正室也，后为燕寝，燕寝左右为侧室。其后为内宫之朝，内朝之北，为后之正寝，又后为后小寝（图 1）外朝以接民庶，治朝以会百官，燕朝以治庶事，内宫之朝属于后，故在后寝之前。中国凡朝皆在空地，故后人谓之朝廷，廷即室前门内之空地也。周都之制，至秦而亡。汉初承焚书坑儒之后，于前代制度，无可稽考。故汉廷规制，一切草创，宣帝所谓汉家自有制度是也。至隋以后，始渐取法于周。至明营两都，而规仿尤备，但其名称多歧异耳。今以北京宫室与周京之制对照，今之紫禁城，当周之应门以内，以至后之小寝，午门即周之应门，故皆具观阙之式。太和门即周之路门，皆宅门式也。左之昭德，右之贞度，当周之东、西闱门。太和三殿，

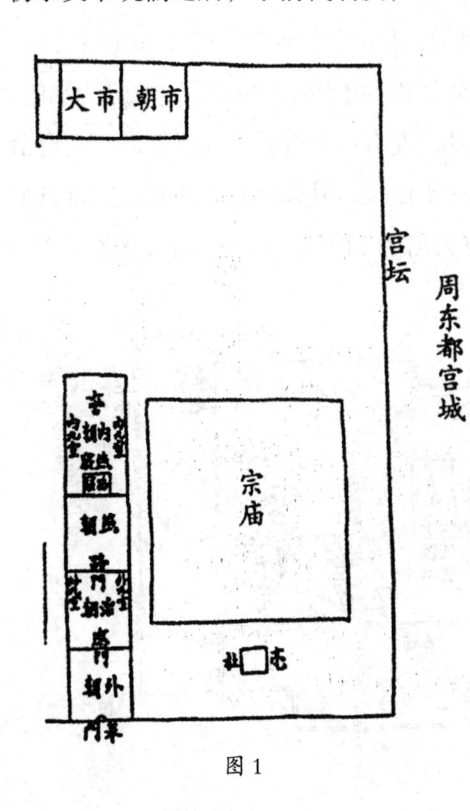

图 1

当周之路寝。乾清宫，当周之燕寝。坤宁宫，当周之后正寝及小寝。东、西十二宫，当周之侧室，此大内也皇城之天安门，即周之皋门，六内宗庙在左，社稷在右，亦与周同。坤宁宫后之御花园，即周之囿也。地安门外之市，即周之三市也（明皇城内部分，见后图 12）。所不同者，周之燕朝在路寝前，明、清燕朝在当路寝之太和三殿后，即乾清门也（明、清御门皆在乾清门）。周之路朝在路门前，明、清治朝在当路门之太和门内。周之外朝在应门外，明、清接近民众，则在当皋门之天安门外。盖天子日尊，则与臣民之相距亦日远，故建筑亦随之而繁杂也。

汉高祖起于匹夫，其都长安也，因秦之离宫而建长乐宫。七年，更建未央宫，始具皇居之规模。未央宫四面为公车司马门，东、西、北三门，有阙之名，而南面无之。由南公车司马门，北进为端门，再进即前殿宣室，是为正朝，左有温室等殿、天禄等阁，右有清凉、玉堂等殿，后宫为椒房十四位，其外左右为掖庭，盖略具形式者也（图 2）。日久则宫人渐多（前代所遗，及时主新添者），

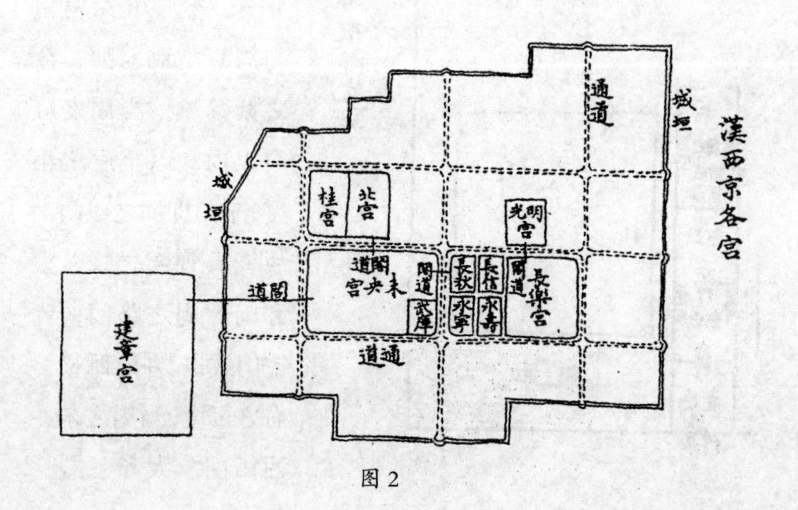

图 2

非旧日宫室所能容，遂有长信宫、明光宫、北宫等之建置。原来之长乐、未央两宫，因四面皆为通道，已相隔绝，两宫范围以内，又无余地可以扩充，故明光、北宫等，亦与两宫不相属，驯致城中亦无余地，乃逾城而营建章（图 3），此则近于园囿性质矣，此汉制之大略也。后世宫室固多取法于周，而其中沿用汉制者亦复不少。以明、清之乾清官、养心殿，所以接见臣僚者，亦如汉之宣室；坤宁宫后之正位，亦如汉之椒房殿（但椒房非正位，不如坤宁郑重）。承乾、翊坤十二宫，所以居嫔妃者，亦如汉之昭阳十四位，乾东、乾西五所宫人之所居，亦如汉之掖庭。宁寿宫、慈宁宫等，为皇太后所居者，亦如汉之长乐宫。明之仁寿等殿，清之寿康、寿安等宫，所以居三朝后、妃者，亦如汉之长信、长秋、桂宫、寿宫、北宫等也。但明、清宫室，全由新创，先有计划，后始营作，故能宾主分明，秩然有序，故如乾清、坤宁之正位中央也（帝、后）；承乾、翊坤十二宫之分列左右也（妃、嫔），

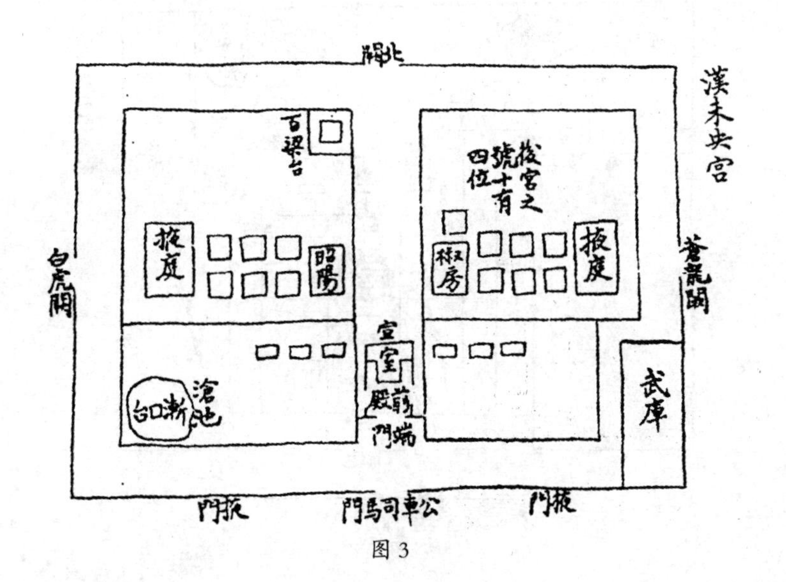

图 3

东西五所之位于十二宫后也（宫人）；而宁寿、慈宁在前（太上皇、皇太后），寿康等宫在后（先朝妃嫔）。亦皆权其轻重，铢两悉称。

明、清之制，新天子即位，与后居乾清、坤宁，原居坤宁之皇太后，先时移居慈宁宫，原居十二宫之先朝妃嫔，先时移居寿康等宫，以避新天子之后妃，不如是者或不免发生龃龉，此明季之移宫案之所由来也。李选侍本先朝妃嫫，其时尚居乾清宫，故杨左诸人出死力以争之，后卒迁之翙鸾宫（在东六宫之东，今已并入宁寿宫矣），其事始毕。

汉初者无所师承，故不能有预定之计划，先修长乐宫，后建未央，其后又经营建章，临时增置，皆枝节而为之，以故离披分散，无众星拱北之势，此无成奠者之所以不及有规划者也（明、清宫图见后）。

隋、唐两京，皆为新制，更于宫城之外，创设皇城，以聚百

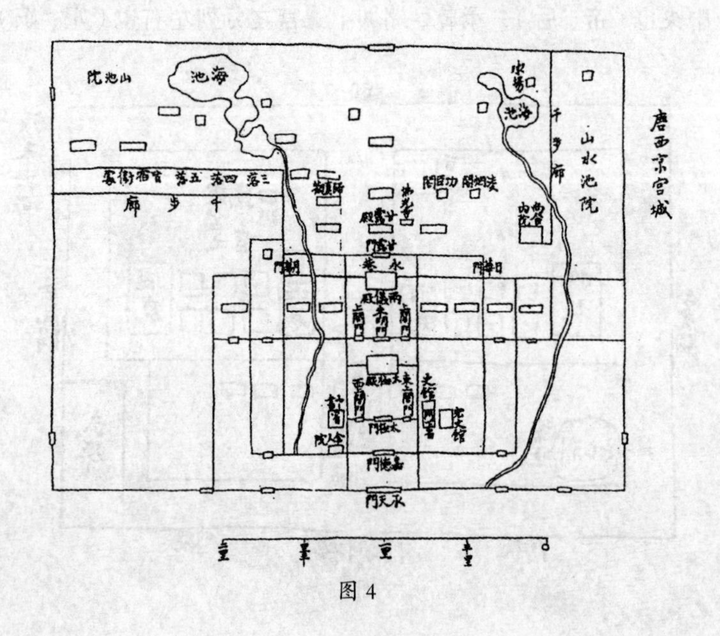

图 4

司，此为周制之所无。西京宫城，正中南门，曰承天门，是为外朝。大朝会御之。门内经嘉德、太极两门而至太极殿，是为中朝，朔望视朝之所。后为朱明门，内为两仪殿，是为内朝，常日听政之所。内朝当周之燕朝，中朝当周之治朝也（图4）。其后又于东北营大明宫，中为丹凤门，内为龙尾道，斜上三丈，始至朝堂。上为含元殿，为外朝，后为宣政殿，常朝之所，后为紫宸殿，便殿也，三殿皆在山顶，此外宫殿，不可胜计（图5）。其后，天子常居

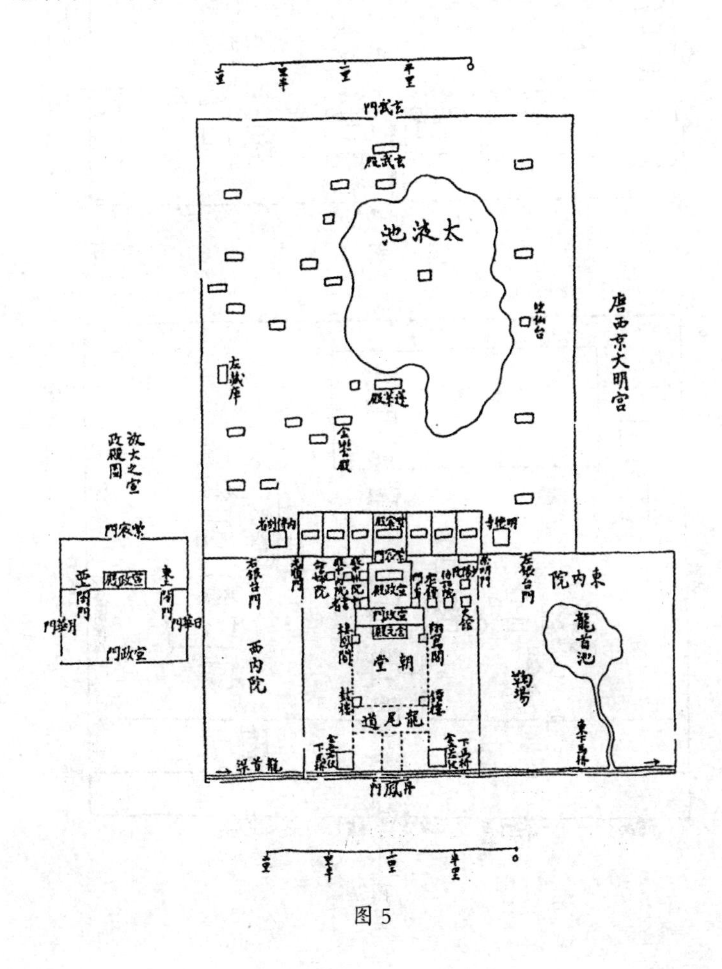

图5

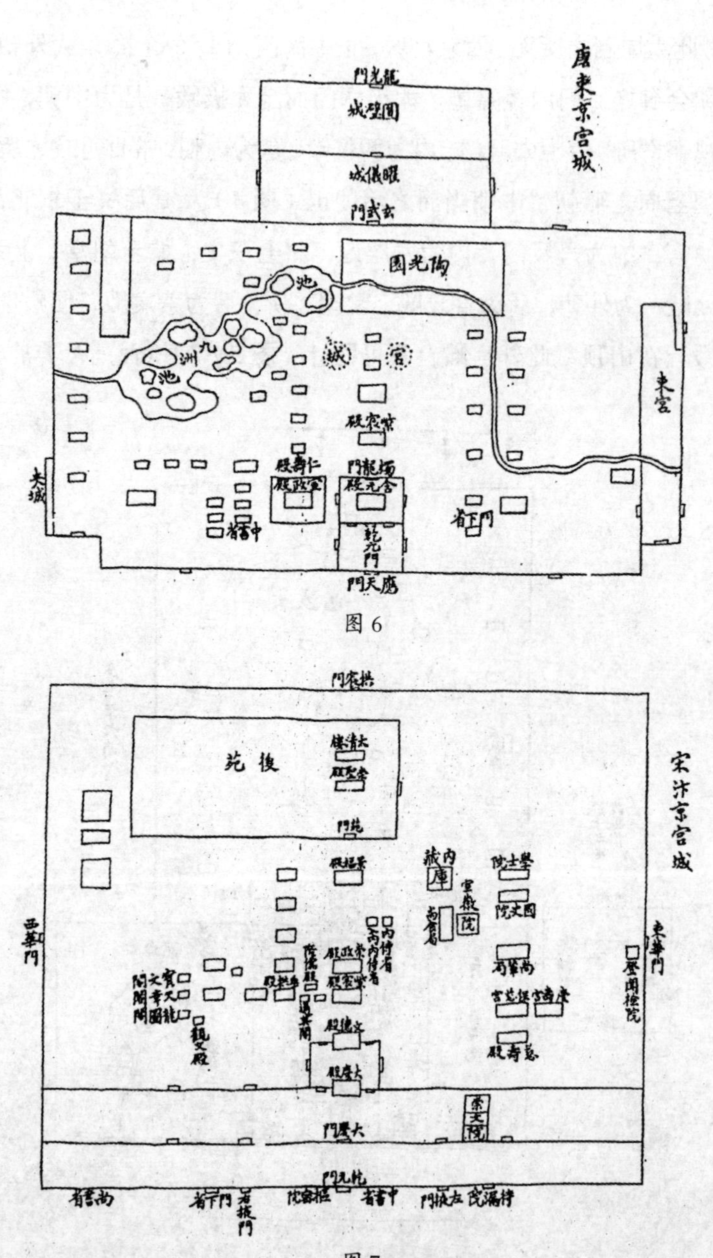

图 6

图 7

大明宫，反谓宫城为西内。东京宫城南门为应天门，内为含元殿，殿西为宣政殿，后为紫宸殿。三殿之名，与西京大明宫者同。隋时炀帝居东京，唐则武后居之（图6）。

宋都汴梁，宫城本周旧内，建隆三年，广东北隅，命有司画洛阳宫殿之制，按图修之。南为乾元门，以文德殿为外朝，垂拱殿为内朝。文德当唐洛阳之含元，垂拱则宣政也。洛阳含元在中，宣政偏西，故文德在中，而垂拱亦偏于西。后宫多在垂拱殿后，故亦偏西。宋不用皇城之制，而宫城内亦有官署，然皆在东（图7）。

辽大内之南门曰宣教门，金大内因辽旧址，而广其南部，南门曰通天门。宫廷则仿宋汴京制度，然其仿效之痕迹，今亦无考矣。而可知者，正中曰大安殿，后曰皇帝正位，再后曰后位。此似周

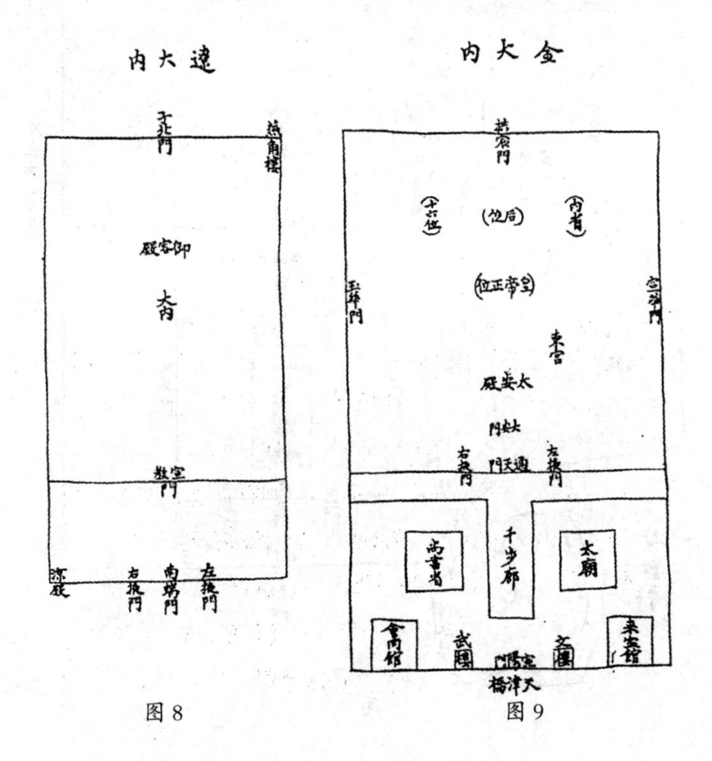

图8　　　　图9

之燕寝、后寝。东为内省，西曰十六位，此则似宋之官署在东后宫在西也（图 8、9）。

元创大都，宫室在太液池东西岸，而以东岸者为正位，适当大城之正中，名曰宫城，即今之紫禁城地。南曰崇天门，宫殿大者，曰大明宫、曰延春阁；北门曰厚载门，再后曰灵囿，即今之景山。在西岸之大者，南为光天殿，后曰兴圣宫，北曰延华阁，妃嫔院在焉。合宫城、灵囿、太液及西岸诸宫殿，绕以萧墙，周二十余里，即今皇城城垣旧址（图 10）。此建筑至明初全毁。

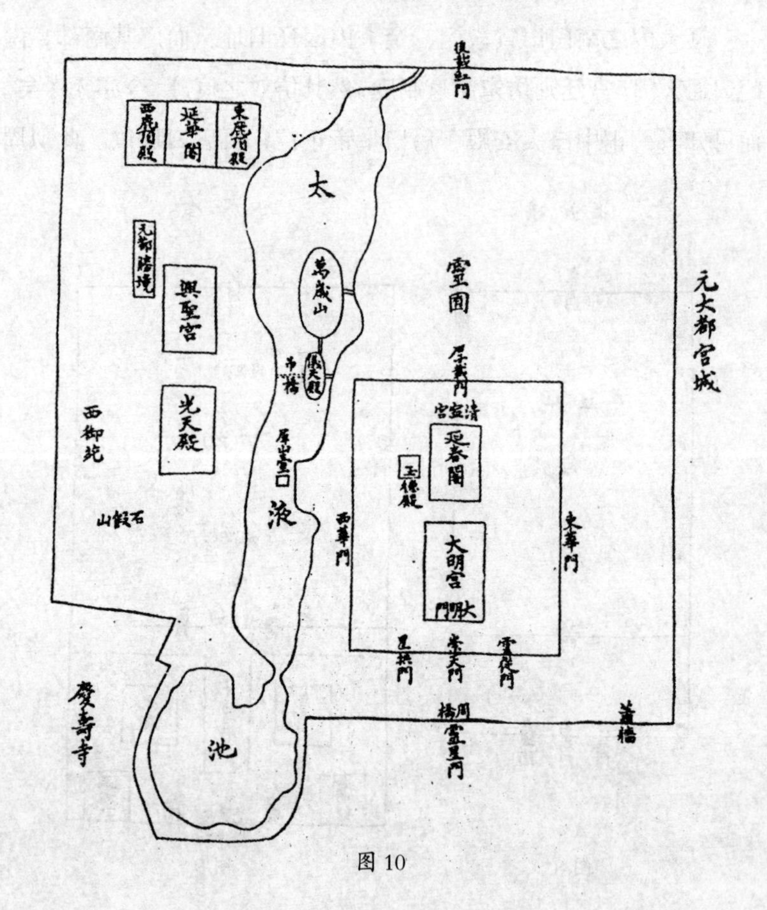

图 10

明初取元大都，毁皇帝宫室，改建燕王府。至成祖永乐十五年（1417年），始诏重建京师。因旧宫西面逼近三海，乃稍移而东，宫城制度及宫殿位置，一切以南都者为法（中华书局所印南京图，其中有明故宫图，可以参看）。南为午门，北曰玄武，东曰东华，西曰西华。午门内为皇极门，内为皇极、中极、建极三殿，后为乾清门，内为乾清宫、交泰殿、坤宁宫，再后为坤宁门、为琼苑，即至玄武门。乾清、坤宁，帝、后之居，其东为东六宫，西为西六宫，妃嫔及皇子女居之。皇子既冠，则出居慈庆宫。东六宫之东，为仁寿三宫，先朝妃嫔居之。乾清门之西，为慈宁宫，太后居之。乾清门之东，为奉先等殿，所谓内太庙也，殿前为慈庆宫，皇太子既长，及皇太子既冠者，皆出居此。慈庆宫之前，东即东华门，入门北行不远，即至慈庆宫之徽音门，太子居此，因其距东华门甚远，故有张差梃击之事。文华殿在皇极门之东，武英殿在门西，其余不及备载。此宫城也，名紫禁城，环紫禁城之四面者为皇城，南为承天门，东为东安，西为西安，北为北安。承天门内为端门，再内即紫禁城南门之午门。端门之东为宗庙，西为社稷，即周制之左庙右社也。宗庙之东，有重华门及南内等。武宗自北狩猎还，居于南内，其复辟也，自东华门人，至皇极门即位，所谓夺门之役也。皇城西半，包太液池于其中，池西有万寿宫等。万寿山在皇城之北（即今景山），后即北安门。皇城，唐制也，唐皇城内百司所在；明皇城内有宫殿，有园圃，有内官各署，如司礼监等，而无外廷各署，盖完全禁地也（图11、12）。清承明之遗址，紫禁城之内，除改皇极门及三殿为太和、中和、保和外，余皆仍旧。皇城之内，则开放东、西、北三面，为满族亲信之所居，因之多有因革损益之处。承天门亦改为天安门，门内仍为禁地（宗庙、

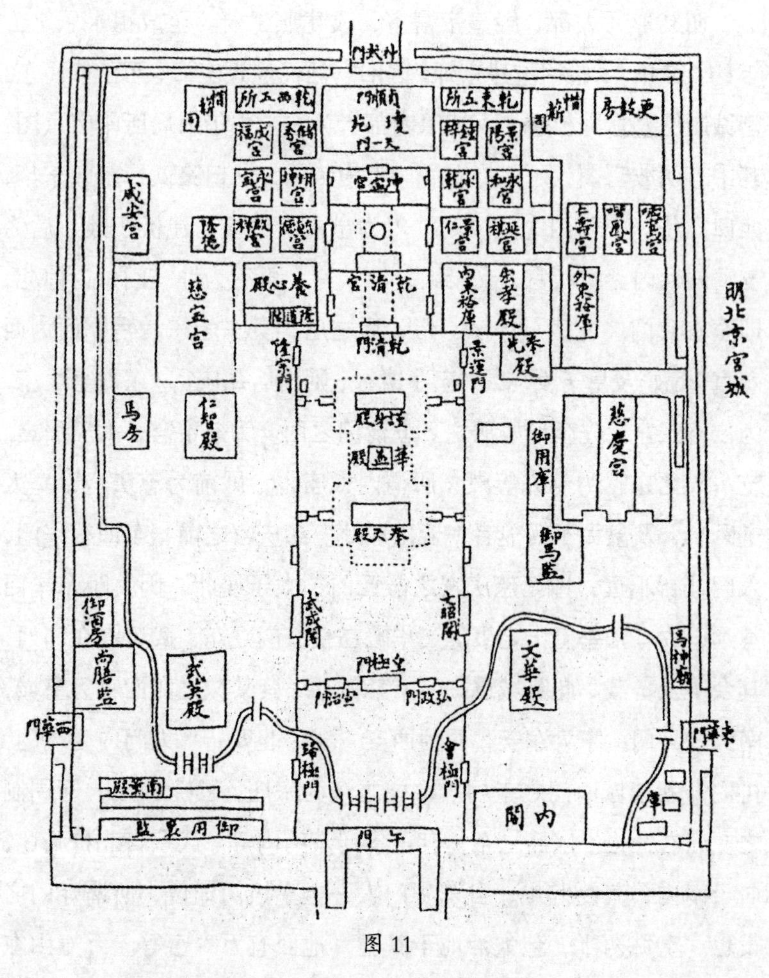

图 11

社稷），此自周以来，历代宫室沿革之大略也。

中国建筑在世界上特殊之处，即为中干之严立与左右之对称也。然此种精神亦似自周而始定，在周之前，国家建筑，似皆有四向之制。《书》曰：“宾于四门。”又曰：“辟四门，明四目，达四聪。”由此征之于建筑，则明堂其代表也（图 13），明堂在唐虞之时。

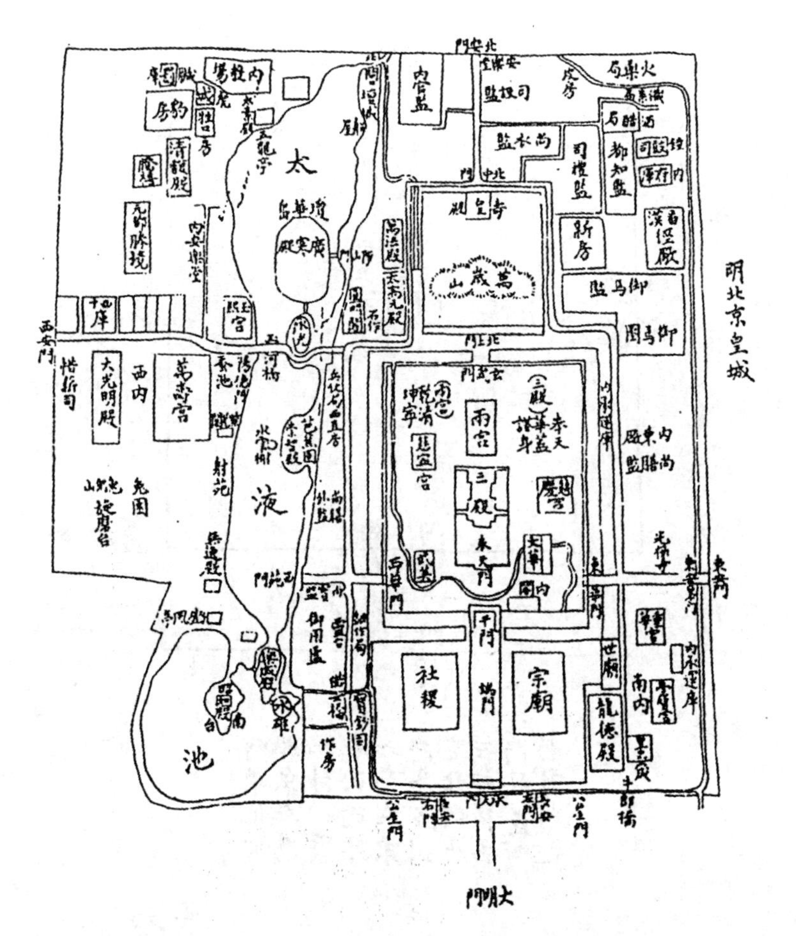

图 12

虽无明文，然夏已有之，名曰世室，殷名重屋，其中构造虽有不同，而其为四向之制，则无以异。故明堂为等边之建物，四方皆为正向。近人王静安，因推论明堂，更创宗庙、路寝，皆为四向之说。窃谓王说诚属有见，但为周以前制，不过至周之初，尚有残留者，明堂即残留之一物。故周虽号称有明堂，而在可信之古书中，求其关系之事实，甚不易得，盖实际需用甚少矣。窃

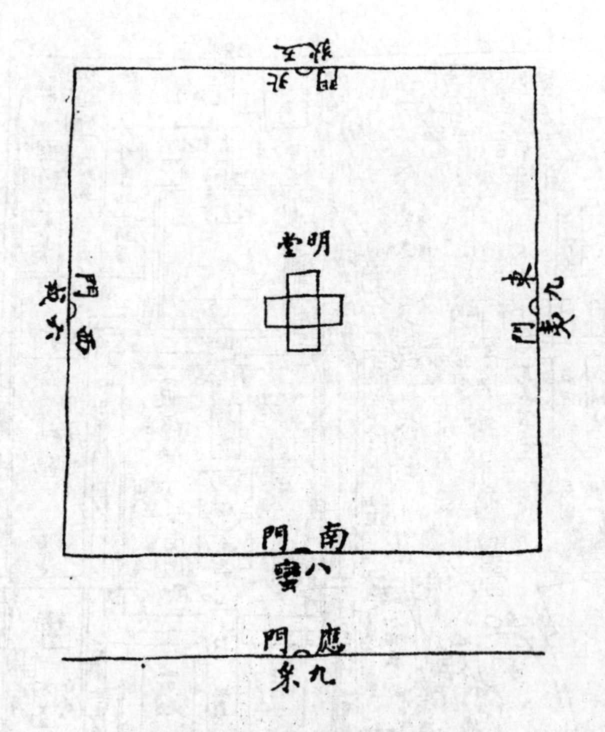

明堂位曰九采在應門外八蠻在南門外九夷在東門外五狄在北門外六戎在西門外是四面有門也

图 13

谓周初四向之屋，仅有明堂，其他若路寝、宗庙，皆变为中枢严立，左右相称之式，其所以有是变革者，当为执政者种族不同之故。周制至今可考者甚多，就建筑言，除明堂外，其他宫室，皆为坐北向南中分左右之式，及以其他事物求之亦皆与此式相合。仅在游观之建物中，如台也、楼也、阁也、亭也，至今尚有为等边形者，然皆与典制无关，不能如此式之定为典章，成为风气，弥漫于神州区域，历三千余年，至今犹未改也。宫室本身既为此式，故周公经营洛邑，规划全局，亦以此式为主干，而尚用参差之式以为枝叶。故王城四方，方各三门，门当三途，宫城在四方之中，从中划一直线，前为三朝，中为帝、后之寝，后为三市。又当宫城东西之中，而寝又居此线之中，故王城居天下之中，宫城居王城之中，寝又居宫城之中，故王居者，天下之至中也（十四章中图1）。中枢既定，左右皆有相等之地，可以适用，此周制之精神，所以形成后世左右相等之形式也。城内为民居，不能不四方有门。宫城则仅有南面之皋门，以周回十二里之城，仅有一门，不便孰甚，然正以见专制之精神，亦可证东都路寝，必非四向之制，盖四向之制，所以照明四方也，此虞书所以有明四达四之说。若三方皆有壅蔽，则又何取于四向，故周明堂在城处，亦正见其处之之意。而王居则正己南面，以定一尊，左右回拱，务取严整之势，此中分左右制之所经深入人心也。秦一切制度，务自用而反古，又焚书以绝后人之仿效。汉承秦敝，故亦自我作古，无所师承，然其在一部分之内，仍属左右对称，惟合全体而观之，则各自分立，无所统摄耳。然因自汉以后，经学大兴，隋之经营宫室，已受周制之影响，及宋、辽、金皆然。惟元人新都夹太液池而经营，虽言以在东岸者正位，实际上仍居于西岸，两相对抗，无主从之分，其失盖与汉相等。至明人乃一反其所为，合周、隋之制而斟酌损益之，遂以有今日燕京之盛，盖历来之所未睹也。近人谓中国文化，至明、清两代，皆告一结束，吾谓建筑亦然。

【第十五章】

明堂

明堂之制，古今聚讼，在周以前，似实有此政治中心之建物，其制四方，每方皆为正面，从来皆无异议。惟堂室左右个之制，各执一说，各自为图，至七八种。近人王静安亦有一图，根据从来各图，加以修正，承诸家之后，盖无论何人为之，皆应如是。但王图较之历来各图，虽似稍完，而其中最难解决之问题，依然混沌。其中关于太室之问题及太室之廷之问题各一，今先观王图(图1、2、3)。太室在中，四方有四室八房绕之，直无进入太室之路，此其一。太室有廷，据说，太室为圆形之屋，其檐尚可覆及四面之屋，然则此廷置于何处?此其二(古所谓廷，

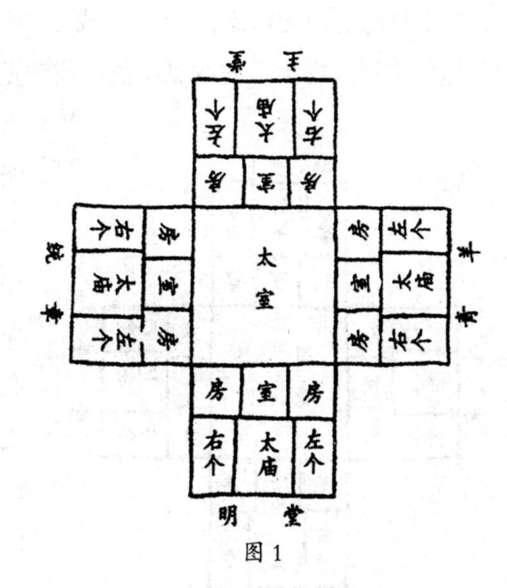

图1

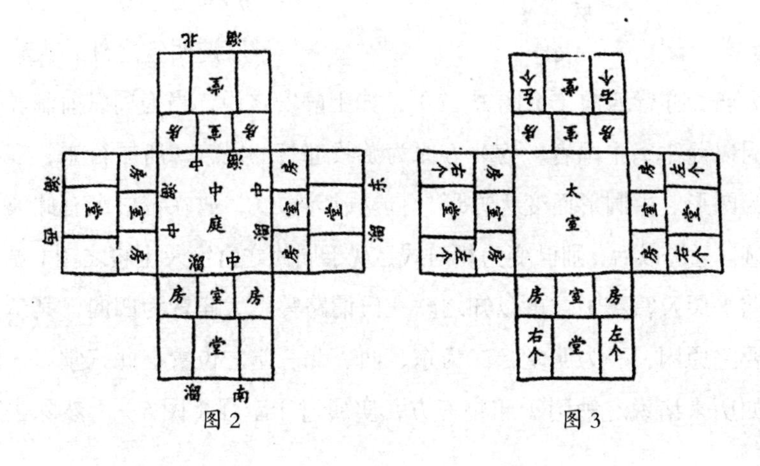

图2

图3

皆指堂前空地，太室地面虽宽，然其檐可覆及四屋，在此檐宇之下，即不能谓之廷矣。若太室仅占一方一隅之地，则又不能成局势）。王船山曰：“明堂之构造，令梓人无从下手。”窃谓天下无不可作之工程，但需有一定计划耳，假令今日有此工程，谁也恰负计划之责，则首应解决者，即为此两问题，既需合于古制，又需能推行之而无窒碍，今为之计划，如图4。天子月居一堂或个，此但指宴居时言也。若按见臣僚，或觐见诸侯，则不能仍在宴居之处，而专在太室之内。明堂有堂无室，其当室之一间，用为进入太室之通路。太室即专属明堂一方面，所谓明堂太室也，以此解决太室问题。而太室之廷，即明堂南之廷，以此解决太室之廷之问题。此于古说皆可通，而于应用上亦全无窒碍。

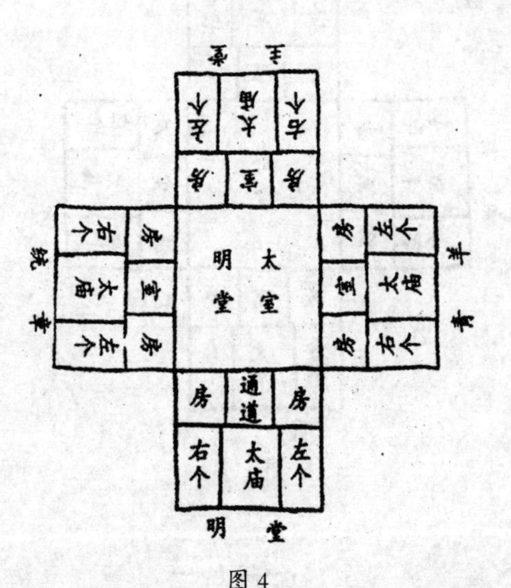

图 4

所谓明堂之外，大寝太庙，亦皆四向（上图2、3），如王静安之说，当为周以前制。周以前主宰中国者，为北方原为游牧部落的民族，所居行帐，多为圆形。由圆形而变为方形，自易成等边式，故在古书上有此痕迹。至周以后，则已变为相对式，观于周代之宫室及士寝之图（见前平屋及宫室），可以知之。王氏谓路寝、太庙皆为四向，其最要之原因，一为明堂，二为东、西、北三堂之位置。此三堂者，如历来诸说之勉附于庙寝三方，实属过于牵强（图5）。然除去四向办法，亦尚有他法解释，余意不如将三堂移于寝庙之后，较为妥适（图6）。此即今日乾清宫后坤宁宫，合东西配殿所成之局，及民间厅堂后之一院，亦即三合房、四合房之由来。不然今之此种形式，又由何式变来耶？如果周时路寝太庙尚为四向，则民间不应完全不受影响。若由此式衍成风气，恐今日中国居宅，非相对式，而为欧洲集合之式矣。

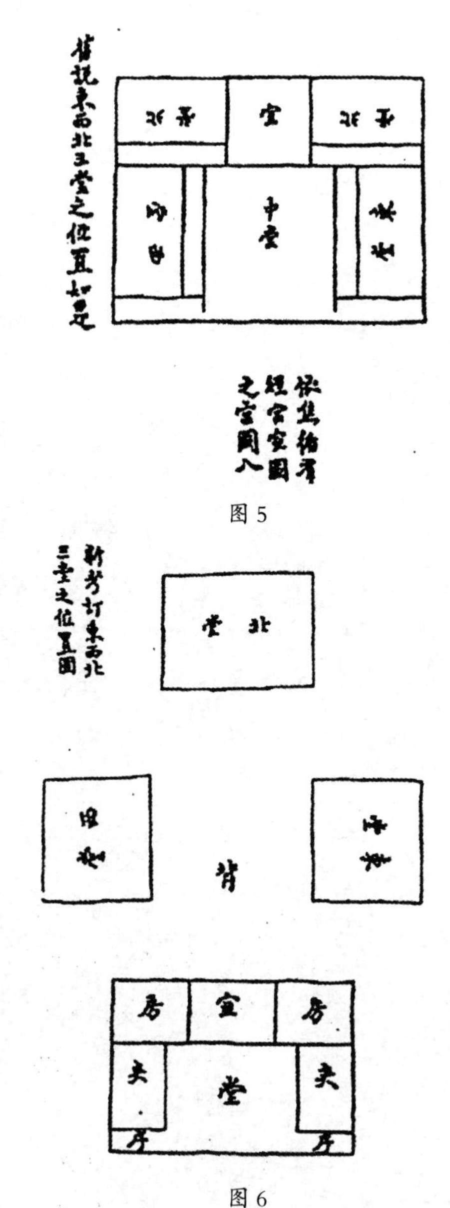

图5

图6

《诗》“焉得蘐草，言树之背？”注，“背”，北堂。窃谓此处恐有落字，应作北堂之前，盖若上图之北堂，其前，即正寝后墙之后也，谓此为背，于义正合，且即今人莳花木之处（今南方尚呼宅后为屋背）。

【第十六章】

苑囿园林

人类建筑，有两目的：其一为生活所必需；其二为娱乐所主动。就我国历史言，其因形式而分类者，如平屋，乃生活所必需也；如台、楼、阁、亭等，乃娱乐之设备也。其因用途而分类者，如城市、宫室等，乃生活所必需也；如苑囿园林，乃娱乐之设备也。苑囿为养禽兽之区，园林可供起居之用，要之皆属于娱乐性质。今世界各国有所谓公园者，乃由于地方政治所设备，以供一般人士之用，我国则无此种建筑。其所谓苑囿园林者，上则属于皇室之产业，下亦为私人之所有。而因其性质形态之不同，园林中又有庭园、别墅之种种名词。今则但就其规模之完备者，分析论之，有如下文所列馆舍、山水、崖石等。

苑囿为养禽兽之区，园林为宴乐之地，宴乐之地，必有馆舍，其布置与宫室不同，宫室务严正，园林务萧散。故园林之为，连屋较少，而独立之建物较多，相互之间，需大小相间，参差不齐，而地面务求其有余。昔人所谓三分水二分竹一分屋，此可为布置园林之原则。但水、竹二字，皆属偏举，丘陵平原，与水并重，林木花卉，亦不过以竹为代表耳。周文王灵囿之外，有灵台、灵沼，可见园林之需水，自古已然。其时游乐之处，见之传记者，惟台最多。秦之阿房宫，后人谓其五步一楼，十步一阁，恐出于揣测之词，非秦代事实。汉宫所有者，为台、楼、观、阙，楼、观、阙三者，一式而异其名，皆台上有屋之建筑也。然神明台上亦有屋，而仍袭台名。可见建筑上名词之混用，亦自古已然也。阁名仅一见，其余宫殿堂馆，皆总名或平屋也。隋、唐两京，楼台之外，名阁、名亭者渐多，名观者偶有之，然此时之观，已为道士祈神之处。唐祖老聃，尊之曰玄元皇帝，此或亦道教之词，名阙者绝无。其可居处者，多名曰院。宋以下至于明、清，皆不能出此范围。

自周以来，池沼在园林中占重要部分。周有灵沼；汉未央宫有沧池，中有渐台；建章宫北有太液池，宽十顷，南有唐中池，周回二十里；上林苑有昆明池，周回四十里；甘泉宫亦有昆明池，其他小者尚多。唐西京宫城，东北、西北两隅，皆有海池。大明宫有太液池，中有太液亭；东内苑有龙首池；大安宫内亦有瑶池；龙池在兴庆宫。东都则宫城内，有九洲池，中有九洲；又东复有一池，中有两洲。东都苑中，则有龙鳞渠、凝碧池，池在隋时为海。宋之汴都，延福宫中，有海、有湖，金明池在城外西南。北京三海，辽、金时名西华潭，又有鱼藻池，即今金鱼池地，当时与潭并称胜地，元始改潭为太液池，元之创新都也，几与太液池为中心矣。至清，乃于西山下又作昆明湖。

有水必有山，自汉太液池中，有蓬莱、方壶、瀛洲三山。隋炀帝于东都苑海中，仿武帝为之。其后北京之琼岛，至辽而显，其时名之曰瑶屿，金名琼华岛，至清始称琼岛。其南部又有南台，即今之瀛台也。此皆水中之山也，陆地之山，汉亦有之。《汉宫典识》曰，“宫内苑聚土为山，十里九坂”是也。《汉记》曰，“梁冀聚土筑山，以象二崤”。《西京杂记》“茂陵富人袁广汉，于北邙山下筑园，构石为山，高十余丈，连延数里”。是汉时，贵族民间，亦有此制。造山之技，至唐尤胜。《剧谈录》曰“李德裕平泉庄中有虚槛，前引泉水，萦回疏凿，像巴峡、洞庭十二峰九派，迄于海门江山景物之状”。达官园林，尚能如是，两京禁苑，更可知矣。至来艮狱，更以石胜。在北京者为景山，创于元初，原名万岁山，崇祯七年（1634 年）实测，高一十四丈七尺。

余初游三海，即讶其建筑物之过多，而亭馆之位置，又往往非其地。后考之《酌中志》，始知明初经营，原有心思，虽在后世，已有增置，然规模犹未尽变。经有清三百年间，随意填补，天然风景，遂全为金碧所埋没矣。即以南海瀛台考之，在明只有一殿，今则自山之北麓，跨过山顶，直至南麓，皆殿阁也。瀛台之北至中海南岸，本为一片农田，用乡村风味，点缀繁华。在西仅有无逸殿、豳风亭，中有涵碧亭，以收中、北两海远景。东仅有乐成殿，又东，则于闸口之内置水碓，亦农家器具也。今则雕墙朱户，横亘东西，石角墙下，竞列亭馆，直至石闸之上，亦作小屋三椽，真可谓规方漆素，暴殄天物者矣。盖石闸亦建筑物也，正可就其形式，加以艺术，配置竹石，使成一种特殊风景。不知从此处利用，但一味以屋宇充数，似乎舍屋宇之外，即无美丽之可言者，此正以见廷宫中人，皆无美术思想者也（图 1）。此种情形，不特清代，即由明代以上溯汉、唐，想亦不能无此习惯。盖专制君主，限居于一定域区，地面虽广，宫室虽多，重而习之，久亦生厌，常思另辟境界，以新耳目；而近侍诸人，莫不利用营作，以便侵鱼；所用工匠，又仅有单简经验，无思想之可言。故无论何代之兴，

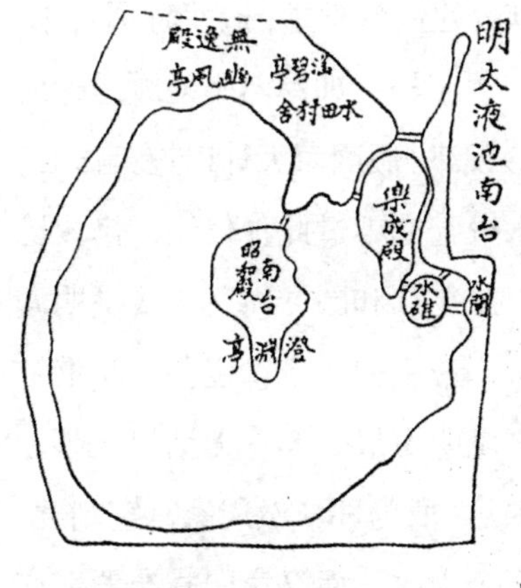

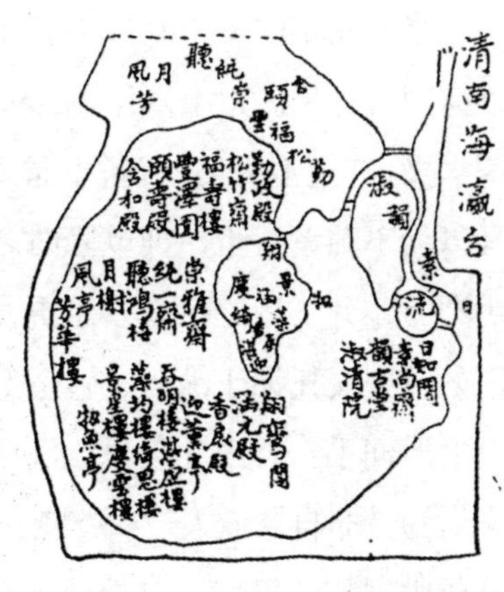

图 1

百年之后，考其宫室，莫不有土木胜人之慨。明初大内，除中干（前三殿，后两宫，及东西十二宫等）之外，东西两旁，空地甚多。而明又自皇城以内，皆为禁地，太液池以西，至西安门，殿阁绵延，皆属寻常游幸区域，故二百年间，虽屡有兴作，亦未能遽行塞满。至清人乃开放皇城，居其种人，于是天子自由区域，削其大半，兴作欲望，仅能在紫禁城及三海之内，求得满足，故至康熙中叶，已觉增无可增，故西山下离宫，应时而起。康熙有畅春园、清华园，雍正及乾隆为圆明园。此三帝王者，皆富有思想，而能别辟新境界者也。此三新辟世界，今皆毁废，就中畅春、清华两园，吾知其必富有艺术风味，盖康熙、雍正，皆具有相当学识，由其时代之器物，即可想见。所创园林，又皆身后不久而废，未经后人增减，原来布置之精神具在，故知其必非凡品也。自汉武帝于太液池置蓬莱三山，而隋炀帝效之。又于昆明池习水战，而乾隆又效之。昆明湖在今颐和园，原名西海，因用之以习水战，故改名曰昆明。乾隆水操之事，时作时辍。因其原来有此名目，故孝钦得假兴建海军名义，设海军捐，筹集巨款，以作修复颐和园之用，其役始于光绪十三年（1887年），并曾于其处建武备学堂，造就海军人才，以掩国人耳目。迨十六年（1890年）工毕，即悍然不复顾忌，所谓水操，亦遂消灭矣，武备学堂则移天津。假国家大计以遂其侈心，吾以为不独孝钦也，即乾隆时之水操，亦不过此种伎俩，修浚昆明湖时，其工程之巨大，恐更甚于修复颐和园。而所作《昆明湖记》，则又托词于灌溉、输运等事。帝王神圣不可侵犯，又谁敢向之质问乎？吾因此以思，汉武之昆明习战，亦毫无结果之事，又焉知其非自欺欺人，如乾隆、孝钦之所为耶？然周家宫室制度，造成中国特殊风气，二千余年，至今未改。而汉家园林布置，亦复为此道大师，即后世英主，亦复不能出其范围。如周公、武帝者，亦不能不谓之曰人杰也矣！

以上为历代皇室所有园林之大略。至亲贵达官以及民间所有之园林，其布置原则，不能出以上范围，但有大小繁简之不同耳。最古者为《西京杂记》所记茂陵袁广汉之园，其记建筑物，则曰："屋皆徘徊联属，重阁修廊，行之移晷，不能遍也。"其记风景，则曰"激流水注于内，构石为山，连延数里，高十余丈"。又曰"积沙为洲屿，激水为波澜"。至其中所有，则珍禽异兽、奇树异草，充牣其中，几与上林《西京赋》中所敷陈者无异。是中国民间园林，至汉时已规模完备，后世所有，不能过也。唐之两京，名园特颗，白乐天常曰"吾有弟在履道坊，五亩之宅，十亩之园，有水一池，有竹千竿"。此园之小者也，专重水竹，以偏取胜。《贾氏谈录》曰："赞皇平泉庄，周四十垦，堂榭百余。"此园之大者也。又曰，"天下奇花异草，珍松怪石，靡不毕致"；又曰，"怪石名品甚多"。盖规模既大，故能应有尽有。两京名园，至宋时犹有存者，当时此风亦盛。文潞公园，水渺弥甚广，泛舟游者，如在江湖间。富郑公园，亭台花木，皆出其目营心匠，故能闿爽深密，曲有奥思。两公皆儒林重望，其所自奉，犹复至此，则当时之贵族豪右，拥有多资者，更可想而知矣。更无怪道君皇帝，挟天子之势力，具审美之眼光，妥得不注意及于花石？骚扰穷于东南也。自宋南渡以迄明初，苏、杭、扬州之园林，甲于天下，流风所播，及于今日，尚复如是。有清盛时，各御园中所有兴作，常有取法于南方故家园林及各处名胜者。今记《日下旧闻考》中所记者如下：

圆明园内之安澜园，一名四宜书屋者，仿海宁陈氏园。

圆明园内之小有天，仿西湖汪氏园。

颐和园内之惠山园，今名谐趣园者，仿无锡秦氏寄畅园。

此取法于名园者也。其取法于各方名胜者，如圆明园之苏堤春晓、平湖秋月、曲院风荷，皆仿杭州西湖；清漪园内之望蟾阁，仿武昌黄鹤楼；避暑山庄之天宇咸畅，仿镇江金山寺；烟雨楼仿自苏州古寺；颐和园中之夕佳楼，仿自临潼华清池。

《名园记》曰：“园圃之胜不能兼者六：务宏大者少幽邃；人力胜者少苍古；多水泉者艰眺望。”此计划园林不可不知者。

世说简文帝入华林园，顾谓左右曰“会心处不必在远；翳然林木，便自有濠濮间想；觉鸟兽禽鱼，自来亲人”。此种心理，实为人类最高尚之情感，创作园林者，应在此等处注意。

中国文化至周代，八百年间而极盛。人为之势力，向各方面发展，大之如政治学问，小之至衣服器具，莫不由含混而分明，由杂乱而整齐。而生息于此世界者，长久缚束于规矩准绳之内，积久亦遂生厌。故春秋战国之际，老庄之学说，已有菲薄人为返求自然之势。人之居处，由宫室而变化至于园林，亦即人为之转而求安慰于自然也。故园林之制，在周时已有萌芽，历秦至汉，而遂大盛。宫室皆平屋，而园林多亭阁，取其各个独立，便于安置。疏密任意，高下参差也。此无异对于人为之左右对称，务求一致者，直接破坏，而返于自然之天地。更进而竹篱茅舍，犬吠鸡鸣，借乡村之风味，洗尘市之繁华，此则尤近于自然矣。又或如沈休文《郊居赋》中之“织楮成门，编槿为篱”，此又直接利用天然，而人为之处尤少。居处之外，务模拟天然之风景，大之一山，小之一石，宽者如湖，狭者如溪，而附属于山水者，则有溪谷之萦回，洞壑之深邃，洲岛之迤逦，瀑泉之洒落，而植物动物之荫翳于山巅水涯，飞鸣于花晨月夕者，更无论矣！然模拟过于深刻，调和过于精致，则又嫌人为太过，与天然之本旨相背。日本之园林，即不免此病。中国者尚未至此，但患其不尽合法耳。而如庾子山《小园赋》之所谓“山为篑覆，水有堂坳，离披落格之藤，烂漫无丛之菊者，亦自不衫不履，别含逸趣”。文人之所谓园，大抵如是也。清代南方名园之有图在《南巡盛典》者：

扬州高咏楼图：见九十七卷之十七页；

无锡寄畅园图：见九十八卷之八页；

苏州狮子林图：见九十九卷之四页；

嘉兴烟雨楼图：见一百二卷之二页；

海宁安澜园图：见一百五卷之九页；

西湖汪氏小有天园图：见一百四卷之十一页；

扬州倚虹园图：见九十七卷之八页；

扬州净香园图：见九十七卷之九页；

扬州趣园图：见九十七卷之十页；

扬州水竹居图：见九十七卷之十一页；

扬州小香雪图：见九十七卷之十三页；

扬州九峰园图：见九十七卷之十八页；

扬州瓜步锦春园图：见九十七卷之二十一页；

常州舣舟亭图：见九十八卷之五页；

苏州沧浪亭图：见九十九卷之二页；

苏州寒山别墅图：见九十九卷之十页；

苏州千尺雪图：见九十九卷之十一页；

苏州高义园图：见九十九卷之十三页；

浙江漪园图：见一百五卷之二页；

浙江吟香别业图：见一百五卷之三页。

其见于《鸿雪因缘图记》者：

扬州高咏楼图：见二集下之十八页；

无锡寄畅园图：见一集上之二十四页；

半亩园图：见三集上之二十八、四十一各页，及三集下之十二十五、三十七各页；

又苏州拙政园图，文衡山绘，中华书局有印本（图2）。

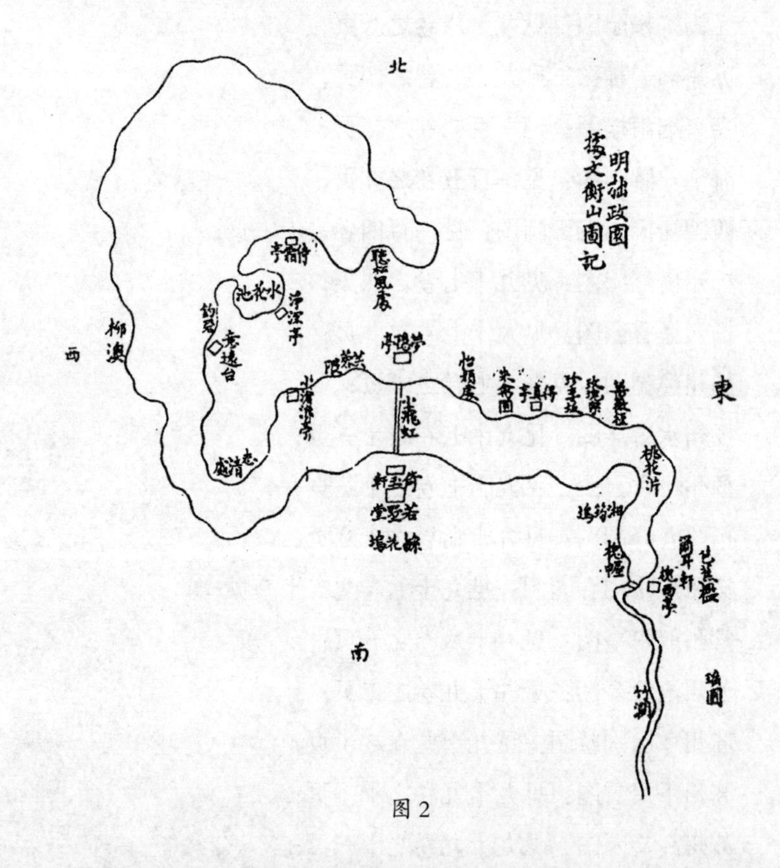

图2

叠石为园林中不可少之物，汉袁广汉之构石为山，已知用石。《南史》“到溉居近淮水，斋前山池，有奇礓石，长丈六尺”。

此似今世含有砂砾之松皮石也。《旧唐书》“白乐天罢杭州，得天竺石一，苏州得太湖石五，置于里第池上”，此太湖石之初见于载笈者。《长庆集》曰“石有族，太湖为甲，罗浮天竺之徒次焉”。同时，牛僧孺洛阳归仁里第，多致嘉石美木，白居易有和牛《太湖石诗》。李赞皇平泉庄，怪石名品甚多，赞皇有《叠石诗》。《会昌一品集》曰：“德裕平泉庄，天下奇珍，靡不毕致。日观震泽巫岭罗浮桂水严湍卢阜漏潭之石在焉”。台岭八公之松石，巫峡严湍琅邪台之石，布于清渠之侧，仙人鹿迹之石，列于佛榻之前。至宋艮岳，更以石著，始采石于南方。元时遂借漕运之力，自南方运石来（《钤山堂集》“元人自南运石北来，每重准粮若干，故俗呼为折粮石”）。今北平园囿中所有，其青色玲珑者，皆金人自艮岳运来。及元、明两代，续自南方运来之石，其黄色礧砢者，则出于永宁山中。至青色成横片者，亦取自附近诸山，非南来物。

叠石名词，始见于唐，而盛于宋。其后名工，有陆叠山，所叠有杭城陈氏、许氏、洪氏各园，见《西湖游览志》。明末有张南垣，华亭人，所叠以李工部之横云、虞观察之予园、王奉常之乐郊、钱宗伯之拂水、吴吏都之竹园为最著，见《吴梅村文集》。南垣之子陶庵所叠，有宛平王氏怡园，见《居易录》。所谓变化为山者也，清初有僧石涛、仇好古、董道士、王天于、张国泰诸人，皆称能手。后又有常州戈裕长，所叠有仪征之朴园、如皋之文园、江宁之五松园、虎邱之一树园。见艺能编，此为中国人独创之艺术，非他国所有。

东坡《飞英寺诗》曰“微雨止还作，小窗幽更妍，盆山不见日，草木自苍然”。此即今日盆景中之小山也。文衡山《拙政园图诗·尔耳轩题下》曰“吴俗喜叠石为山，君特于盆益置上水石，植苍蒲、水冬青以适性”云云，亦即是物，皆叠石之缩影也。上水石，即洞穴中钟乳，质为微管合成，置水中，能吸水上升，全体皆儒，故曰上水，今北方如京、津等处，尚袭是名。

【第十七章】

庭园建筑

《说文》“庭”，宫中也。《玉篇》“庭”，堂阶前也。《礼记》“儒有一亩之宫，环堵之室”。所谓宫者，即围墙以内之空地，然则庭者，即院墙以内，堂室以外之空地，即今之所谓院子者也。

“园”，《说文》“所以树果也”。《初学记》曰“有藩曰园”，藩即今之所谓篱。故园本为种植果树之处，与庭院初不相关。

庭园之名，起自后人，盖人之居处，皆由建筑而成，而自周以后，居宅皆左右相对，方整板滞，千家一律，居其中者，每嫌人为太过，故反而求之于天然，以救其失。天然之物，最易致者，无过于草木花果，故于堂室之前，种植草木花果，以为观赏之用，庭也而具有园之风趣，于是庭园遂成一种建物矣！

以庭而具有园之风趣，非有植物不可。周制皋门之内应门之外，有三槐、三公之位。《周礼注》曰“槐，怀也”，怀来人亦此也。此虽在门庭之内，然有所取意焉，非以为观赏之用也。《左传》“鉏麑往贼赵盾，寝门闢矣，触槐而死”。此槐当在庭内，此为居室前有植物之证。今人于庭院之内，点缀花木，此风盖由来久矣。

园为植果木之处，本为一种产业，不带娱乐性质。兹之所谓园，则纯为游观用也，其初本名囿，今则囿之名废，皆谓之园矣。由庭而推广之至于园，因其地域之大小，与其中物类之繁简，可以分为多种，而其性质则皆相似，故统而谓之曰庭园，亦无不宜。而其中可分之为六类：

一、庭；二、庭园；三、园（纯粹的园）；四、园林（扩大的园）；五、别业；六、别庄。

庭：为堂前空地，有大有小，虽贫家小户，但有隙地，莫不设法点缀少许植物，以为美观，中人习性，大率如此，此即庭园之滥觞也。贫者断砖块石，砌而成坛，所植者率为一年生之植物。

此中习惯，亦分两类：老人妇孺，喜种有果实者，如向阳葵、玉蜀黍及瓜豆等，取其不费一钱而又略有收获也；青年男女，则喜观赏植物，其类甚多，不能具述。至中等生活以上之人家，则多就地植花木两株或四株，草花则多用盆景。花木之外，有养金鲫之缸，及可上水之石，亦有配置太湖石一类者，但甚少矣。此类人家，更有划地为阑，以种草花，仅留周围小路，以通人行者。此法甚不相宜，盖庭前有花石，固可增加雅兴，仍需多留余地，以为闲中散步，及小孩游戏之处，若皆为花石所占，不免影响于家人之健康也。

庭园：多在别院（北平名跨院），惟富裕者有之。屋宇率为厅堂或书斋，空地常宽绰有余。其布置之法，最简者亦须具有竹木及太湖石等，地平不用砖石墁成，留出土面，以便生草，但用砖石等材，砌成宽、窄等路。木石之外，兼有小池沼，又有石案石墩等物，石案之圆形或等边者，用以著棋或陈食具。长者，则于其上置精致之盆花，或供玲珑小巧之石。此类观赏之设备，因其即为家宅中之一部分，故起居最为便利，且便于时时整理，而且所需地面不必甚多，布置亦不甚费事，并易得良好之效果。

庭以屋宇为主，花木之布置，不过就所余地面用之。庭园则应以天然物为主，厅堂或书斋之建筑，皆须预为花木水石等，留出地位，以便利用。善为庭园者，建筑物之地位方向，与四面之走廊或垣篱，或邻屋之侧面，皆须以善法利用之，使之变为庭园中之一种装饰物。若不善于利用，则虽有好花石，不能得佳胜之风景。

园：为家宅附近之游乐处，其地面愈宽愈易布置。建筑物不限于厅堂、书斋，如楼阁亭台，皆可择相宜者用之。池沼之面积，能得全面积十分之四、五尤佳。花木有丛集处，有分散处。叠石之外，更可以垒土成山，使之委宛曲折，愈增幽深之致。更须注意者，须有平旷之处，如西人之草地等。中人治园，专尚幽深，入其中者，如在森林，此林也，非园也。至石案、石礅等，在此非必要之物，偶于相当处置一两具，可也。

园中交通，宜有大路，有小径。前有通大厅之门，以便男客来往，后有通内院之门，以便内眷来往，更须有通大街之门，以便宴会时开放。园虽以雅趣为主，便在实用上，亦须无妨害，此等处宜特别注意。又花窖处、肥料处及厕所等，亦须安置妥帖，否则风景虽佳，有时亦受此等之累。

园林：为在城外之园，其地域亦可大可小。然无论大小，其计划与城中之园，要自不同。城中之园，因其在人为太过之中，故其取义多偏于天然方面，如叠石也、土山也，皆勉强而为之也。若城外之园，则已在天然环境之中，在此大自然之中，而犹以人力仿天然，是所谓日月出而爝火不息者也。故除奇礓远致之外，叠石可以少用。累山一事，可以废去。要在因其天然之地势，高者为山林，低者为溪谷，平者为原隰，洼者为池沼。然后选最胜之处，疏疏落落，位置亭馆数处，而点缀林木，则不厌其多。至花草等，亦宜随意栽种，不得以盆景充数，此园林布置之大概也。

不特叠石累山，可以少用。城中之园，因在家宅附近，故其中建筑物，需较家宅中所有者，较为简素，使人一入其中，别有天地。更有划出一部分，作竹篱茅舍，肖乡村风景，如小说中所谓大观园中之稻香村者。此因其在城市繁华之中，比较相形之下，故可使人感一种萧闲意味，所谓闹中之静也。若城外之园，则所处境地，即是乡村，竹篱茅舍，举目皆是，再相仿效，了无意味，故此种设施，亦可废去。至亭馆之建筑，虽仍以简素为主，但工料则不可草率。器具亦然，无繁碎之装饰，无富贵之习气，而精致雅丽，使人一望而得一种安慰，乃为合作。城中甚大之园，更有纳一所寺观于其中，以作一种特别境界者。城外之园，则不宜此，便可与之为毗邻，借之作陪衬，而气象则又各有相侔，所谓离之两美，合之两伤者也。

因城外之园，有此特殊性质，故选地为最要。相宜之地，并无一定格式，但凭审美眼光，摘取最胜之处，大抵崇山峻岭之旁，宜去山稍远之平处。洪流大泊之上，宜去水不远之高处。溪谷回环坡坨起伏之区，则宜在稍为旷朗之处。以至农村小市之所在，樵人渔户之所栖，无不可以安置园林者。而工厂附近，则往往不相宜。

城外之园，所得观赏者，不仅在范围以内也，垣篱之外，四围之山光水色，实为观赏之大部分。在此天然环境之中，安置此一片园林，要如何始能揽尽朝夕之胜概，饱饫四时之变态，然则此园也者，不过游观之时，一种托足之区，安息之所耳。故天然风景中有是园，亦如卧室中之有床塌，书斋中之有几案然。而卧室书斋中之床塌几案，与其中之各处窗户，及各种器具装饰，皆应互有照应，相得益彰，天然风景中之园，亦应若是。

别业：园林之外，又有所谓别业者，大抵茔墓之所在，即就其处经营一所闲适之居处。此应以暂居之室为主，而以花石树木为点缀之品。

别庄：又有所谓别庄者，则多为田庄之所在，岁时省耕往来之处。此则可完全用乡村形式，茅檐土壁，竹篱石垣，无不可用，但需在工料上加以精整，并以美术上之眼光，令其配合得宜耳。

而牛牢豕笠及存肥料之处，则需尽力避去，以免熏莸同器。至菜圃果园，豆棚瓜架，则正可利用之也。

故庭园之种类，在城内者，以用人为之力接近天然为主；在城外者，则以善于利用天然为主。若居宅原在城外，则庭之三类，仍适用城内之例。

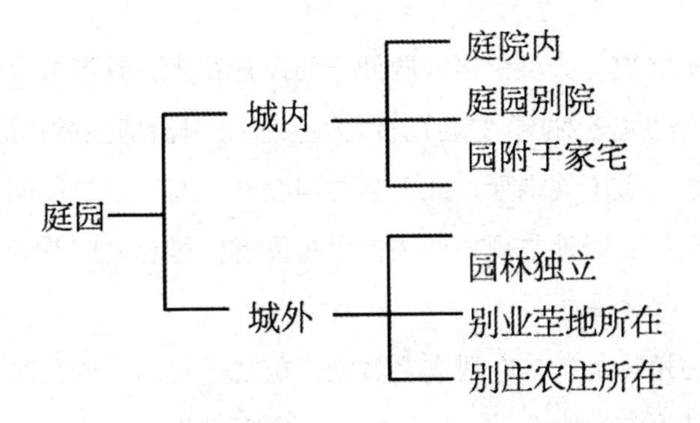

帝王之苑囿别论之。

庭园中物之种类——

一、花木；二、水泉；三、石；四、器具；五、建筑物；六、山及道路。

花木为庭园中之要素，无花木即无庭园。花木亦可分为下之四类：

甲、花；乙、树；丙、藤；丁、草。

花以盆花为最便。但其用亦只宜于庭与庭园之两处。盖人家庭院地面，多以砖石墁平，栽植花草，不惟不便，且时土时石，亦嫌零碎不成片段。故砖石地面，置盆花最宜。若在别院，则因地面不宜全用砖石遮蔽，种花不患无地，已无需盆花之必要。至园以下之四种，则花盆一物，大可废却，盖盆花木非善制，不过因室内及庭院所需用之。其实矫揉造作，大悖于植物之天趣，苟非必要，宁缺毋滥。

花盆之外，又有花坛之制，亦仅宜于庭及庭园两处。有于庭心置一坛者。或分左、右置两坛者，多为珍贵之花，故置之高处，以示表异。又有长形之坛，沿墙根而为之者，此三者不可兼用，以用其一式为宜，亦只宜于砖石墁平之地面。

砖石墁平之地，亦可留出一两处土面以种花卉，其形常为圆形、等边、两等边之三种，立置砖瓦，以为边缘。亦可沿墙根做长形，或绕叠石之根，做不规则形，此可名之曰花畦，亦惟庭与庭园两处适用之。至一丈以外之规划四围护以短篱者，可名之曰花圃，则适用于园与园林等处。

花与树在植物上，本非对立之名词，兹之区别，不过在庭园计划上，就其形态分为两种，以便应用。即多年生或一年生，而其高在四五尺者谓之花，多年生而其高在一丈以外者，谓之树。

庭中之树，一株者宜在一隅或一方，两株者，可并列堂前。右庭甚修广，则可仿花畦之制，划成宽一丈以内之区域，丛植各种不同之树，此可名曰树畦，其数以成对为宜。或做横长形，置之堂前门内，借作屏风之用。或依墙根而为之亦可，依墙根者，植竹尤佳。

庭园之树，可较庭中为多，但宜偏重一方一隅，不可左右对称。庭园之建物为厅堂书斋，则建物之后，亦宜有树，而辟北窗以揽其胜。

庭园中地面，以露土为宜。有时于近堂两三丈之内，铺以砖石，则树畦之制，于此中亦适用之。

庭以花为主，庭园则花与树并重，至园及园林，则树实为此中之主人翁，花之处此，不过点缀品耳。树之植法分四种：一成林者；二成丛者；三成行列者；四依附于他物之侧者如庭院（园中亦有庭院）、门篱、桥头、石侧等。成林者宜在山谷，成丛者宜在平地，成行列者宜在水边路侧，至依附于他物之侧者，则宜大小相间，数尤不能预定。

庭园之内有老树，此难遇而至可贵者也（此指形态佳者而言）。利用之法，在庭则不容更加他物，但地面则需修洁，以不规则之石片砌成者为佳。四面建物，亦宜装饰与之相称，盖纯以树为主体矣，此古人所以有因树之名也。在庭园者，自可配置他物，但需注意，不可令老树之佳胜，受妨害之影响。在园及园林者，则有数法：因其过于高大，与环境太不相称，则于附近配植较小之树多株，以渐而小，使与四围之花石，互相融洽，此一法也；或附近不植一树，以充分发表其奇伟之观，此一法也；或于其下配置奇石，或做茅亭，或构平屋两三间，此又一法也。总之，既有此树，即做善为配置，使其佳胜之处，完全呈露于吾人心目之前，庶几无负此树耳。若在别业或别庄，则区域狭者，可运用庭及庭园之法，广者，可适用园与园林之法。

藤之植法，有盘于高架者，有依附于墙壁、篱落者，有缠于老树者。高架宜于空旷处，若在庭院中用之，则藤架与檐宇之间，应有相当空处。若直接于檐，则只能用其狭而长者，以代廊棚之用，且架顶需高出于檐，架式总宜平顶，不可做亭楼等式，以免与建筑物相犯。园林之内，路口交叉之处，亦可用之以作休息之所。其依附予墙壁篱落者，须注意彼此之颜色。其缠于他树者，尤需注意寄主之健康。

草之植法有三种：其铺于地面者，宜长短一律，昔人所谓规矩草也，修逵两旁，尤属相称，古诗“一带裙腰绿草齐”，殆即指此；临水斜坡之上，绿细如茵，可以坐卧，亦一适也；其附于石上石根者，则宜长短不齐，且不可专用一种；又有植于盆中者，如石菖蒲之属，亦称雅制。

水泉之在庭园，如血脉之在身体，其重要不亚于花木。有源者不易得，则以人力生造之有源者，有三种：一曰悬瀑、二曰自溢、三曰潜流。以人力生造之者，有三种：一曰分视（高处之水）、二曰分导（低处之水）、三曰挹注。其蓄水之形式有五种：一曰湖泊；二曰池沼（两者以大小别之）；三曰闸堰；四曰溪涧；五曰器蓄。

有源者不易得，悬瀑、自溢之二种，尤不易遇，以其高于地面也，惟所用之，无不如志，故尤觉其珍贵。潜流自较易遇，凡有井处，皆潜流也，以其水面较地面低下之尺寸，定其可否利用之价值，与地面平者无论矣，愈低下则愈不易利用，若在一丈以下，几不能有利用之价值。倘在高处之凹处，则可在其较下之处做园，使低者变而为高，则反可得无数之便利，譬如用分视之法，引之至壁立处坠落，则俨然悬瀑也。分视之法，可以行之于数里之外。水在低处，则不能用视，而只能用导。若在其上流较高之处，堰而更高之，则亦可以得较高于园中地面之水。否则水已在低处，导来之后更低，则亦将无法利用之也。

挹注之法，自可任便，但仅可用之于器蓄及池沼之小者。无来处，无去处，停蓄日久，则易腐败。按日期而更易之，则甚劳扰又不堪也。井中之水，虽亦有源，因其过深，亦只能作挹注之用。不过较之吸自远处者，省往返之劳耳。

今假定做园之处，其附近高地发现源泉，因引之至园中高处，由石壁之上坠落，成为瀑布，则可得一景矣。又于其下筑之为堰，做闸以司启闭，则可得第二景矣。由堰而流之为溪，纡折萦带，可平添无数风景，则可得第三景矣。由溪而放之为沼，则得第四景矣。由沼而分之为港，或又别之而为溪以出于园，则可得五景、六景矣。故源泉之在高处者，其利用之法无穷。若不能甚高，则不能作瀑，然未尝不可做闸及以下诸式。若仅高于地面，则仅可流之为溪。若再仅能与地面乎，则但可蓄之为池。然池水而能与地面平，则已是不易得之佳池矣。

普通之池岸，皆高三四尺。若池面甚宽，则岸虽稍高，犹之可也。池面甚窄，而岸又甚高，则谓之曰井可也，坐井旁而观，固无甚乐趣可言也。故类于井之地，可以不设，毋宁留做井，以便吸而已。做池之法，池面需宽，池底需平，池水需浅，以免危险。至地面之水，以低于岸二尺内外为宜。韩退之《诗》曰“曲江汀滢水平杯”，亦形容其水之将平于岸也。

分导而来之水，大率甚低，有将全园之地改低以就地面者矣。如此，则园之四面围墙，皆高于园，有如盆地。但能干附墙二丈内外，变作斜坡，满种竹树，在园中视之，宛如四山合沓，亦可得一种幽胜。但仍需选一方较低之处，辟作园中正门，令园中结构，可由此方向露出，变四合为三合，犹是一种补救之法。

园中之水，既有出口、人口，则堰闸乃应有之物。但治园者，向不注意此事，其实，以善法布置，可得一种活泼清丽的境界。其中有专用堰者，有专用闸者，有合而用之者。但此等处，最忌以亭榭之物，杂置其间，反成小家暴发气象。

于园中做溪涧，为甚易致之工。然使水源不高，无来处，无去处，则尚不能做溪涧也。一丈宽之溪槽，白沙碎石，间以小草，只要中槽能有数寸之水，涓涓而流，不竭不息，已足清人耳目，动人心魄。若并此不能得，则但可蓄为池沼而已。盖小溪积水，最易污浊，不如地沼之比较宽大，尚能藏垢也。

二三尺宽之溪，引而长之，萦回曲折于竹树之间，时隐时现，或大或小，放而为池，或分两为洲，又或仍复于溪，于大回转处为堂，所谓溪堂也；小回转处为亭，所谓溪亭也。但有相宜之地，则即以一溪制全园之胜，为全园之主人翁，亦未尝不可。溪也、池也，相间而用之，亦未尝不可。

器蓄之法，最小者为盆，稍大者，南方谓之石缸，合植四石片于平石之面而成之。其实，非缸也，池也，今名之曰高池。高池有下半埋于地面者，则可以较大矣。又有砌砖而为之者，则可以更大矣。但愈大则高度宜愈小，否则，有奔溃之虞。黔中有用天然之石板（贵阳名合朋石）镶之者，甚有清整之致。以高池之法，砌为狭而长之溪，弯环作半月形，或曲折于花坛、竹坡之下，亦庭园中之俊物也。

庭中蓄水，只能用盆，即以养金鲫者也。稍广者，亦可用高池之法，高池甚宜于庭园。池沼之小者，亦合于庭园之用，用盆反嫌小样。至园，则器蓄之法，皆不适用。

园与园林之于水，为不可不备之物。城中之园，尤其需水之必要，无水源可利用者，自不得不以人力为之。然亦不必过于勉强，力求宽大。苟布置得法，虽一丈、两丈之池可也。即有泉源可用，蓄水之法，亦不可定求完备，要需相其地势为之。如所有泉源甚高，瀑也、堰也、溪也、池也、港也，皆可取之不尽，用之不竭，然苟地势过隘，不能相容，而必事事求备，丛集一处，则反成水利标本陈列室，令人一览而尽矣。故此种情形之下，宜因其环境自然之势，择其相宜者用之。果也，地势阔绰，为之甚易，亦需布置于各方，令其各据一胜。要之，为瀑之处，不必见堰；为堰之处，不可见溪之全流；为溪之处，不必见沼；为沼之处，又不可见溪之导水，而出于园也。

城外之园，情势又变，因其主要在利用天然，而不在模仿天然也。故园中布置，应与园外相较，而力避其重复。故近山之园，水之需要较切，而近水之园则不然。再推而论之，园之临于湖泊大川者，园中不必有大池沼（荷池不在此限）；园外有瀑，园中不必有瀑；园外有溪、有堰，园中不必再有溪与堰。然此之所言，但指用人力为之者耳。若已有天然之水，与地势可以利用，则又不在此限也。

别业与别庄，其性质较近于居宅，除天然之形势可以利用者外，水之点缀，不必更以人力为之，于此时也，器蓄之法，反觉相宜矣。高池之作溪形者，尤为用称，因其工程简单。

石，移置奇石于庭园中，以做点缀之品，此恐是我国人特别之嗜好。世界皆谓，东方人好天然之美，此事亦其一也。《西京杂记》"茂陵富人袁广汉，于北邙山下做园，构石为山"。此不过以石为造山之材耳，尚非后世用石之法。《南史》"到溉居近淮水，斋前山池，有奇礓石，长丈六尺，梁武戏与赌之，并礼记一部，溉并输焉，诏即迎至华林园殿前。移石之日，都下倾城纵观"。此当是癖石者见于史传之始。

《旧唐书》"白乐天罢杭州，得天竺石一，苏州，得太湖石五，置于里第池上"。此太湖石之初见于载籍者。《长庆集》曰"石有族，太湖为甲，罗浮天竺之属次焉"。同时牛僧儒，洛阳归仁里第，多致佳石美木。白居易有和牛太湖石诗。李赞皇平泉庄，怪石名品甚多。《会昌一品集》曰“德裕平泉庄，天下奇珍，靡不毕致。日观震泽、巫岭、罗浮、桂水严湍，卢阜漏潭之石在焉”。台岭八公之松石，巫峡严湍琅邪台之石，布于清渠之侧，仙人鹿迹之石，列于佛榻之前，是太湖石之外，可用者尚多也。大抵癖石之风气，始于六朝，而盛于唐，直至于今犹然。

石之美无一定标准，癖石者之心理，则由于一定规则之反动。中国之文化，至两汉而极盛，魏晋承之，事事皆有轨道与途径，才智之士，生息于此中既久，则厌恶之心起，而反动之念生，观于轻视礼教与崇尚清谈之习，亦发生于是时，可以知之矣。石者，最无一定规则者也。无一定规则之中，又往往得出人意外之奇趣，故选石者，不能于心中悬一形象以为目的，但能就实物中选择之。大抵取欹侧不取平正；取醜怪不取端好；取惊奇不取故常；取空灵不取平实。而古今之佳石，亦必无两具互相类似者。

置石之法有四种：一、特置；二、群置；三、散置；四、叠置。

特置之在砖石地面者，宜有座。在土面者，不宜用座。座之形式，宜简单，宜平正，不可有层叠之环带、工细之雕饰，尤不可有拟石皱与树皮之花纹。置土面者，即有需座之必要，亦需以土掩之。群置、散置，皆自二枚以上，相近而不相切，要需大小不等，疏密相间。群置者，取侧面之式。散置者，取平面之式。叠置者，合多石以成一姿式。自群置以下，皆忌左右相称，或布置成一几何形。俗人更有仿做一事物形者，尤当力避。

庭中之石，多为特置，与二、三石之群置。庭园之中，群置、叠置可择一用之。园中固可多用，但亦需布置得法，要之，当令人于园中见石，不可令人于石中求园也。若但见石不见园，亦不免触目生厌。城外之园，尤不宜过用，前既言之矣。别业、别庄等，但可偶一用之。

器具此非室内之器具，乃露置于地面者也。最通行者，为石案石礅等，古人有之，今人亦用之。至如石床、石屏等，常见于旧画中，今不见有用之者。又日本庭园中点缀，以水盆、石灯为最普通，国人今日用之绝鲜，然古固有用之者。古诗“石上自有尊罍洼”，此即指石盆也。唐人小说中，有记灯久而为怪者，曾有诗曰“烟灭石楼空，悠悠永夜中，虚心愁夜雨，艳质畏飘风”云云。相其形式，亦即今日日本之石灯也。北平旧京有地名曰石灯庵，则是吾国中犹有用之者，但甚少耳。古人又有桔槔、水磨等之设置，两者本田野中物，园之大者，每以一部分饰为田野风景，则农具亦应少备。明时中海南岸，即有如是境界，其东有系成殿，有水磨，亦即此物。李西涯《桔槔亭诗》曰“野树桔槔悬，孤亭夕照边，间行看流水，随意满平田”，是园中有桔槔之证。既有田野风景，则酒帘亦可助兴。小说《红楼梦》记大观园，有曰杏帘在望者，是又人所习知者也。此不过偶然忆及者，若在昔人诗文中搜求之，其种类当更不少也。

石案石礅，可以起居，人所习见，前文亦既言之。石床可以休憩，石屏之见于旧画中者，或为石制，或为砖砌，未能定也。大抵依山之台，或庭院之空旷处，地面皆砖铺石砌，明净无尘，是为屏之相宜处。屏后常露竹树棕榈之属，屏前常为石案石床等，此制整洁高华，于清夜玩月尤宜，不知今人何以不见采用。石盆可盛少水作盥洗之用，石灯不特可以照夜，其形式尤峻耸可观。至水磨桔槔之属，需有天然之地势，始能配置，果其相宜，不必定有田野之设备。

石案石礅，庭园中物。石床石屏与盆灯等，皆园林中物，水磨桔槔等亦然。井上亦有用桔槔者，然庭中之井，则大率用辘轳也。别业别庄之于器具，亦与庭园相同。

建筑物庭园中之布置，在庭之一方面，无所谓建筑物，因其先有建筑物而后有庭也。在庭园，则建筑物已成问题。在园与园林中，建筑物与花木泉石，同处于平等地位。至别业别庄之庭，则又与居宅之庭无异，故建筑物亦不成问题。

庭园之于建筑物，虽亦先有建筑物而后有庭，然此庭者，非仅以为庭之用，而将以为园之用，故当其计划之始，一方面计划建筑物，一方面即计划建筑物以外之园。故庭园也者，以建筑物为主体之园；而园及园林也者，则以因为主体之园也。

庭园中之建筑物，即所谓厅堂、书斋者也，皆以一层平屋为宜，间亦有作两层者。若正屋为两层，其旁必须有一层者数间作陪衬，否则以曲廊代之。若正屋为一层，亦可就一部分配置两层之屋一两间，或竟不用亦可。要需屋宇不多，而曲折有情致。楼台之属，以不用为宜。

园与园林中，以平屋居多数，且随时多占主要部分。台、楼、阁、亭，则恒居于点缀地位。

台、楼、阁、亭等，皆游观之建筑，四者之中，台之发达最早，然自明以来，单用者甚鲜。今日故都建物中，可称为纯粹之台者，惟东城之观象台，然不在园林之中。其在北海者，如琼岛东面之般若台，又西北之庆霄楼，中顶之白塔，其下之基址亦皆台也，但其上已有建物，故皆不以台名。颐和园中之佛香阁、五方阁等，其下之崇基，性质亦复如此。总之，古之所谓台者，其上皆无建物，若有建物，即属于楼一类矣，合称之曰楼台较协。

楼在园林中者，惟北海琼岛上之庆霄楼，名实相符。至北岸之万佛楼、中海之听鸿楼，实际上皆阁也。

阁为两层以上建物之在地平面上者，中海之紫光阁，可为代表。

亭与阁之分别，在仅限于一层。但亭有重檐、三檐者，外观之，颇近于阁，实际上，两层、三层之与重檐、三檐，亦易辨也。

无论城中之园，与城外之园林，其中之建筑物，在地面上皆应占最少之数。至就各种形式之建物论之，在城中者，以楼阁等较为需要。盖深锁于万屋鳞鳞之中，每思占较高地步，登临纵目，以延揽城外之山光水色，故城中之楼阁，其在观赏上之效率，较之城外者，自应宏大。在城外者，以亭为最切于用，因其不安四壁，与四围之天然风景，易于接近，且形式单调，于天然之风趣，亦复易于融洽也。

别业别庄之性质，于居宅为近，于园林较远。别业者，第二之居宅也。祖宗、父母灵爽之所寄，时一定省焉，借此以息心远虑，求精神上之宁静，此与今日西人避暑之居相似。别庄者，改良之农舍也。在城为士大夫，过士大夫之生活；在乡为农夫，过农夫之生活，用士大夫之精神，整理农村之物质，以别成一种优秀简质之境界，是别庄之布置法也。别业、别庄皆有庭，其地面常较城中居宅为宽绰，而又在天然环境之中，即使不植一树，而园之风趣固已自足矣。游观之建物如亭、阁等，更非必要，果有十分相宜之地，偶一为之可也。

山与道路。城中之园，若形式相宜时，于园中造山，则于心理上，可使地面之狭者变宽，宽者愈加其宽之程度，此指山之在中央者言也。若在一方一隅，则可以遮蔽此一方隅之邻舍，不令园之四面，皆为墙壁屋瓦所包围。若三面环山，于山之中央为幽居，山后为微径，多植竹树，掩其边际。则居其中者，亦可以隔绝尘嚣，自成一径，此指大规模之造山也。若就其小者言之，则陂陀一曲，峰岭一两处，亦能令竹树生色，泉石有托，故造山者，对于平衍散漫之补救方法也。若不相宜，则以叠石代之。

叠石之与造山，原为两事。然两者相需为用之处正多。或山头戴石，或山麓散置奇石，此山之有需于石者也。有时叠石过高，则与地平相接处，需做斜坡，以缓其势，此石之有需于山者也。类于此者甚多，不胜枚举。但就其各个性质言之，则造山不宜过小，而叠石则不宜过大。故不宜造山之时，叠石可以代造山之用。而用叠石则嫌其过大之时，则造山或正合宜也。

园中之造山，始见于汉。《汉宫典职》曰"宫内苑聚土为山，十里九坂"是也，然此犹帝王之居也。《汉记》曰"梁冀聚土为山以象二崤"。《西京杂记》"茂陵富人袁广汉，于北邙山下筑园，构石为山，高十余丈，连延数里"。是贵戚民间，亦可任意为之，并无限制，然需大有力者始能胜任，则可断言也。至城中之园，山之需要较重，城外之园，山之需要较轻，此在古可无征，不过就心理上测验之，以为应如是耳。

除上节所言，天然与人为之两种，需要互为消长之外，城园之需要于山，又与需要于楼阁相同，因其于望远上皆有补助也。城外之园，但启户牖，而园外山色，已呈于目前，有天然之山在，则庭前之覆篑，自觉多事。然使在平原之地，附近数百里无山，则园虽在城外，在心理上亦有造山之必要。要之造山一事，一需相其地位为之（如城内城外等）；一需相其地形为之（平与不平等）。平衍之处，需要之程度较多，陂陀起伏之处，需要之程度较少。而陂陀起伏之上，假令善于利用，以之为山，亦未尝不可借以增加气势之峻整：与根盘之回互，是又不可拘于一说矣！

古称“为山九仞，功亏一篑”。是造山之事，三代已有之，但不知其用于何处耳。而一篑之土，可以亏九仞之功，又可知古人对于形势上之研究，已有相当之程度也。《赋》美人者，谓增一分则太长，减一分则太短，亦正类此。使非有彻底之鉴别力，又何能于一分、两分之间，辨其长短耶?

道路者，平面的建筑物也，其重要不亚于纵面的建筑物。分而言之：一为与全园地面之关系；二为与园中各建筑物的关系；三为交通上的性质。与全园地面的关系，犹之植物叶之筋脉与叶面之关系也，是在计划之时即应注意者。与各建筑物之关系，犹之植物枝茎与花果之关系也。是固应以各建筑物为主，而在道路上之大小曲直，亦有斟酌之余地。至在交通上之性质，亦与其他道路不同，普通道路，但求便利，园中道路，则如铁道上之风景线然，以行道者之眼福为主。

以上六种，即组成庭园之要素也。其对于各级之庭园，有居于重要地位者,亦有适相反对者。分而观之,既各得其特性之所在,迨至合而用之,庶几较有把握矣。神而明之,存乎其人,古人有言。

总论

就庭园而分为六级，就庭园中之要素而分为六种，此于古亦无征。著者但就读书与见闻所得,总会之,分析之,融会而贯通之,厘为此种名目，以规定一中国庭园之范围而已。兹就各级庭园之可征信于古人者，约举数条，大抵名目不必尽同，而性质则固确为一事。非附会之言也。

《左传》鉏麑触槐一事，可见周代庭中已有植物。晋《罗含别传》曰“含致仕还家，庭中忽自生兰，此德行幽感之应”，此必当时有是习尚，故以自生为庆。又《语林》：谢太傅问诸子侄曰：子弟何予人事，欲使其佳？车骑曰：譬如芝兰玉树，欲使其生庭阶也。此可征之于晋时者也。至陈沈炯《幽庭赋》：“所谓幽庭之闲趣，春物之芳华，草纤纤而垂绿，树搔搔而落花者。”则已完全画出一含有园林风趣之庭园矣！

宋玉《风赋》“回穴冲陵，萧条众芳，徜徉中庭，北上玉堂”。司马相如《上林赋》曰“醴泉涌于清室，通川涌于中庭”。虽其所咏为帝王之居，其气象非寻常人所能有，然其为庭院中景物，固甚明也。此尚可征之于晚周、西汉者也。

庭园为今之别院，此制古人早应有之。而配置花木，以为闲居养心之所，古人则谓之曰斋。《说文》曰：“斋，洁也”。谓夫闲居平心以养心虑，若于此而斋戒也，是汉时已有斋之制，更有斋之名矣。而此后见于载籍者，则为地方官署之别院（官署之结构有定制，其中干皆名之曰堂、曰门，则其闲居养心之室，必为别院无疑）。《成安记》“殷仲堪于池北立小屋读书，百姓呼曰读书斋”。《山堂肆考》“晋桓温于南州起斋”是也。《南史》“到溉居近淮水，斋前山池有奇礓石”，此则私人之宅矣。此后公家者曰郡斋、衙斋，私家者曰山斋、茅斋。而东斋、西斋之名特多，此犹可证其为别院也。又言及斋前风景，多与池阁花石为缘，此更可证其性质在居宅与园林之间也，是即本书之所谓庭园矣。

园与园林之别，浅言之，为小大之区别、城内与城外之区别。深言之，则因其地位之不同，而其中之构造，亦各有特殊之处，上节已具言之，非徒在名词上之差异也。若征于古人，则若庚信《小园之赋》“既曰近市，又曰面城”，则其在城中可知。园之大者，若汉富人袁广汉之园，则明言在北邙山下矣。沈约《郊居赋》则明言在郊矣。盖城中地面有限，不能如城外之可以任意扩充也。至如明季李武清之园，所谓风烟里者，其地面之广，直吞清代之畅春、静明、圆明诸园而有余，与北京之面积相较，殆可伯仲。则无论何等大城，亦不能容此等园林之存在于其中也。

别业，又名别墅，一曰别庐。此等名词，皆发见于六朝晋书谢安传，与幼度围棋赌别墅。《刘琨传》“石崇河南金谷涧中有别庐”。《南史》《谢灵运传》“移籍会稽，修营别业”。此皆今之所谓别业也。至以祖宗茔墓所在，而有别庄之设，其事应始于古之庐墓。别庄者，墓庐之改良者也。而墓田之设置，亦实为别庄成立之要素，此则又与别业几无差别之可言矣。

各级庭园，皆就今日国内之所有者定之，其可征之于古者，既如上述。征之于今，则国内居宅，庭园以下，固居少数。而庭则举目皆是也。今但就其情形及其关于大体者论之：

庭为居宅前之空地。我国幅员广阔，风尚各别，建筑之形式不一，则庭之情形亦不一。如南方城市之居宅，率为两层居多，檐之距地，常在一丈八尺上下。庭之面积，每方不过一丈上下，人处其中，与坐井观天无异，故其俗名之曰天井。此天井式之庭，需相其四方之纵面如何，若四面皆檐与窗（图1），则无点缀花木之必要矣

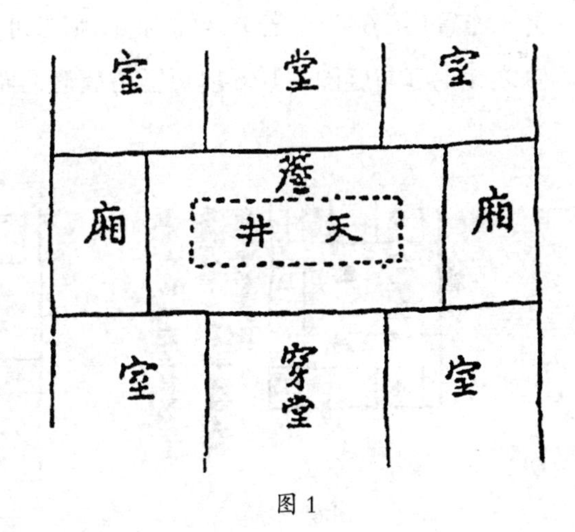

图1

（每方之广，若在二丈以上，尚可设计）。若一方为墙，则尚可设法，亦不过附墙一面，花坛与鱼缸之配置而已（图2），此就城市言之也（图3、4）。其乡居则不然，其庭常有甚广者，与北方庭院之情形相近。但若四面皆檐窗（图5），则终不如一面为墙者之

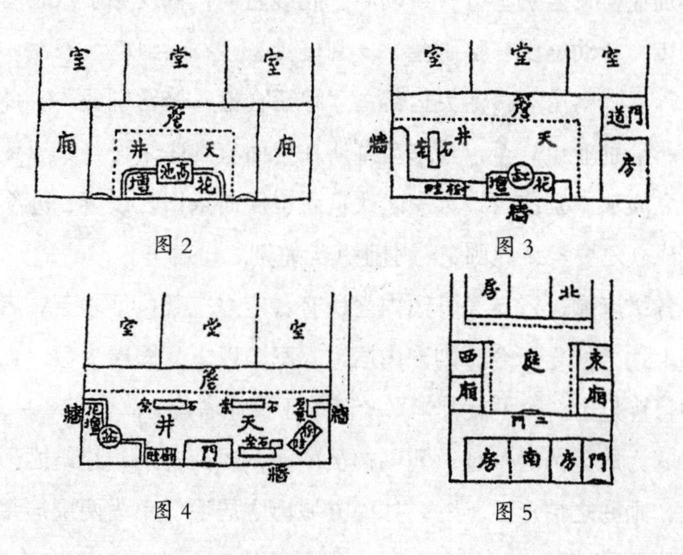

图2　　图3

图4　　图5

易于布置（图6、7）。若能两面为墙，则更可得甚佳之风趣（图8）。总之无论庭与庭园，其环境每喜与墙遇，而不喜与檐窗立壁等相

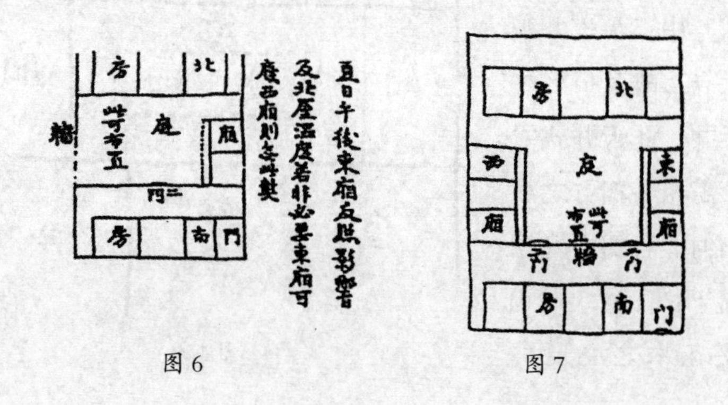

图6　　图7

遇（墙上有门窗无妨，但此等墙，以上无屋檐者为限）。最相宜者，两方为墙也（图 9、10）。上有屋檐之墙，如北方平屋之后墙等，最不宜于做庭园背影。

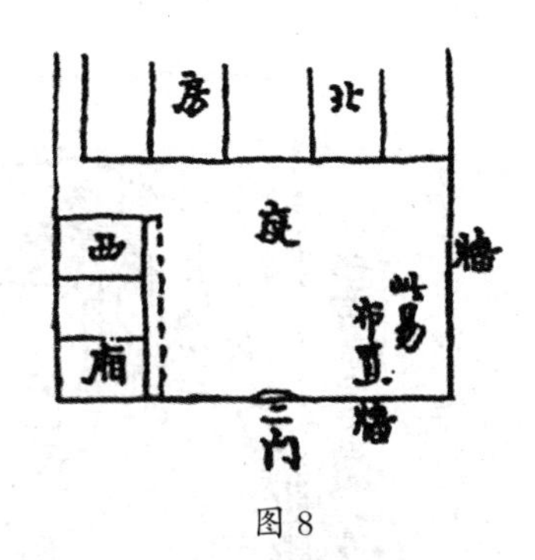

图 8

至园之情形又不同，庭园宜墙，而园则否。盖园之四面本皆墙也（世无四面建筑物之园），立于园中而所见皆墙，此又与圈禁无异，故园不能无墙，而特不喜与墙相见，偶一见之可也，处处见之不可也。此与园林之情形相同。但城中之园，不能无墙，城外之园，设能并墙而用之，则更佳矣（图 11、12）。

凡庭园之宜于墙，因其素地可做花石之背影，犹之作画者之需用绢素也。若窗户立壁，则不免有种种不同之色彩，与种种不同之条纹，可以淆乱花石之姿式。譬如作画于花笺之上，即普通

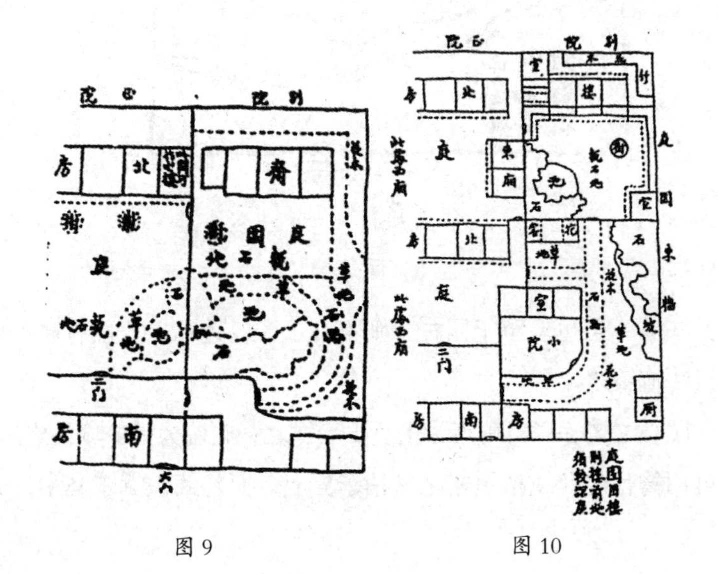

图 9　　图 10

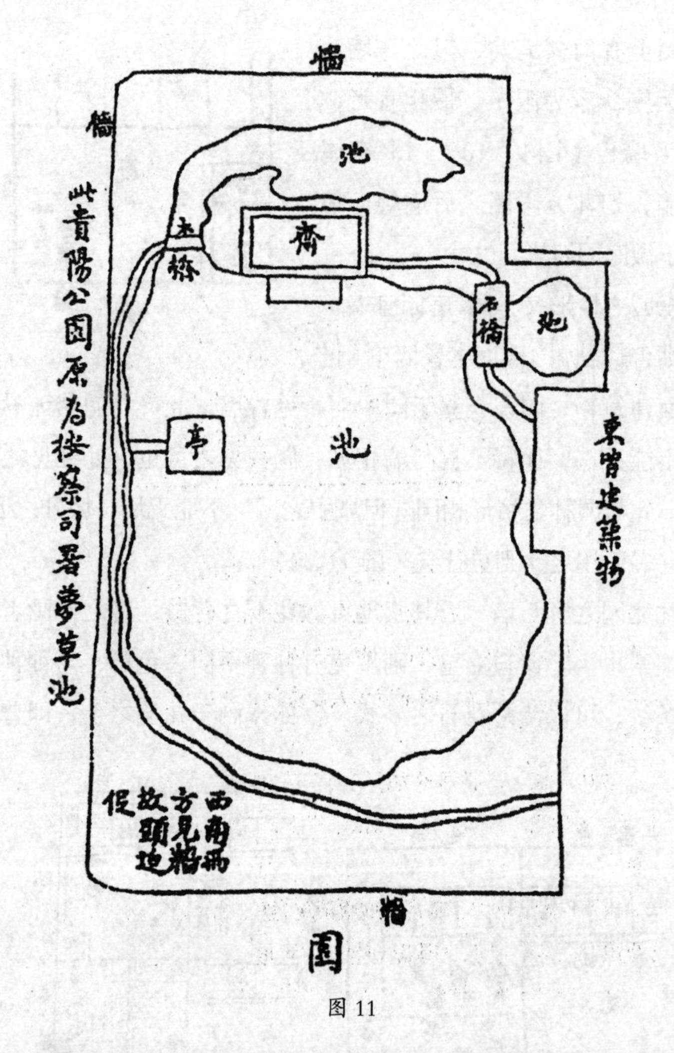

图 11

人亦知其不可也。至于园林，则不宜示人以边际，故虽有墙，亦需设法掩蔽之。

园林之墙，以石砌者为上，土墙次之，砖墙为下。城外之园，更可用篱代之，或植短密之松柏于界上，而隐藏铁篱于其中，亦是一法。

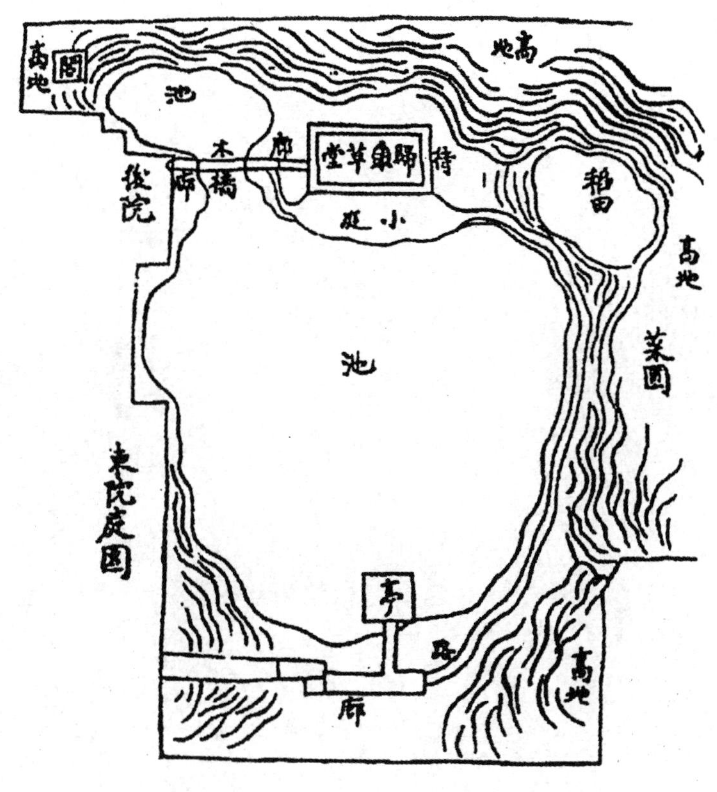

图 12

庭园之墙宜涂垩，其色以白或淡灰为宜。园林之墙木宜涂垩，在今世或涂以洋灰亦可，取其近于土墙之色也。

园中有平旷处，即需有幽深处；有阔大处，亦应有小巧处、曲折处；有高耸处，亦应有低平处。

建筑物与地势应有配合，如临水宜榭，山顶宜亭，依山处宜台观，宽平处宜楼阁，是也。

小园之布置，需留出活动散步之余地。

【第十八章】

庙寺观

古人重祭，祭分神祇与祖宗两种。祭神祇在坛位，祭祖宗在庙。后世又有宗教，各祀其所信仰者，佛教者曰寺，道教者曰观。然自建筑上观之，除坛之外，庙也、寺也、观也，皆平屋也，因左右相对之习惯，而有三间、五间之平屋，合三所三间、五间之平屋，为一三合之院。居宅之布置，以至天子、王公之居处，皆不外此形式，所不同者，间数、院数之多少耳。庙与寺观亦然，与住宅相较，不过装饰之不同耳。考其名称之由来，凡一平屋之内，小间之在后者，为室、为房，在左右者，曰厢。庙者，有室无厢之平屋也，后乃专用于栖神之所。寺原为公署之名称。《左传注》“自汉以来，三公所居谓之府，九卿所居谓之寺”。汉明帝时，佛法东来，初置之于鸿胪寺，后即就其处居之，即洛阳之白马寺。白马云者，佛经由白马驮来也，是为佛寺之始。自此，僧徒之所托，佛像之所在，遂袭寺名。凡台上之有屋者，一曰观，谓登其

图 1

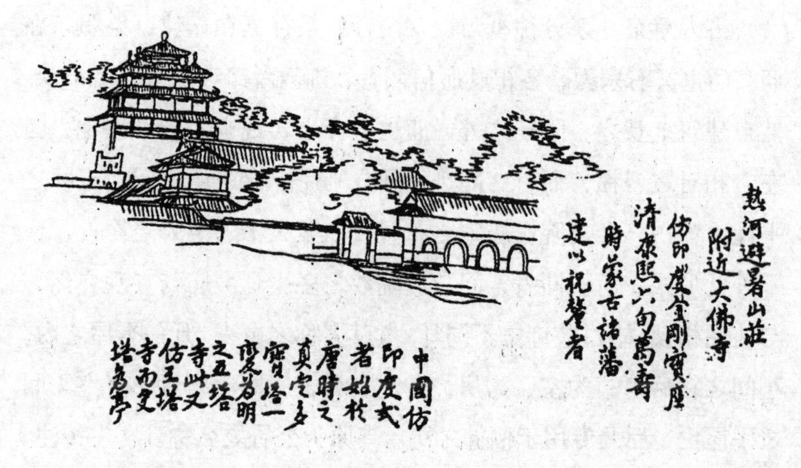

图 2

上可以观览也。汉武帝因方士之言，谓仙人好楼居，楼者台上屋之名称，而台上之有楼者曰观，于是于长安做蜚廉观、桂观，于甘泉做益寿观、延寿观，使公孙卿持节设具而候神人，道士之祀神处曰观，当自此始。其后虽改用平屋而仍袭观之名。游观之建物，若楼阁亭等，寺观中亦有之，而大抵有实用，如楼阁以藏经，以供像，以置钟鼓；亭以设碑。又塔为佛寺独有之物，但不能凡寺皆具，有时反以塔为主，如所称塔院者也。历代佛寺，常有由外来沙门规划而成者，因之常有印度或西域之结构。大之如前秦之敦煌石窟、北凉之凉州石窟、北魏之云岗、龙门、南朝之栖霞等石窟；明正觉寺、清碧云寺之金刚宝座，皆仿印度旧寺。热河之布达拉及扎什伦布（图 1），皆仿西藏大寺，又附近大佛寺（图 2），亦由印度式变来。小之为建物上之装饰，如屋顶之火珠（图 3）、门窗上之钟形、或分瓣之穹形（图 4）、扉上之琐文、檐下之朱网、门外之蹲兽（汉画中多鸟兽之形，然两狮相向而坐之形，始见于北魏正光六年[525年]，曹望禧造像及孝昌三年[527年]造像），及花纹中之卷叶瓣华佛花（今名西番莲）、八宝（轮、螺、伞、盖、花、罐、鱼、长）等，皆随佛教传来者也。六朝唐以来，佛教罪福之说，深入人心，故常有舍宅为寺之举；而世主率多好佛，臣下化之，宫廷化之，伽兰之建筑，有较宫室为精丽者，像设之处，常袭用宫殿之名称。唐、明两代，阉宦最盛，若辈肆意侵渔，坐拥厚资，无子孙以承受，而又慑于罪福之说，故两代佛寺之庄严，由于宦官之施舍者不少。道观之兴作，亦有由上述诸人所提倡者，但终不及佛寺之盛而且久。庙本为祀祖宗之处，天子宗庙之外，臣下曰家庙，曰家祠。而非佛、非道之神祀之处，亦谓之庙，然其结构，固无特殊之处也。

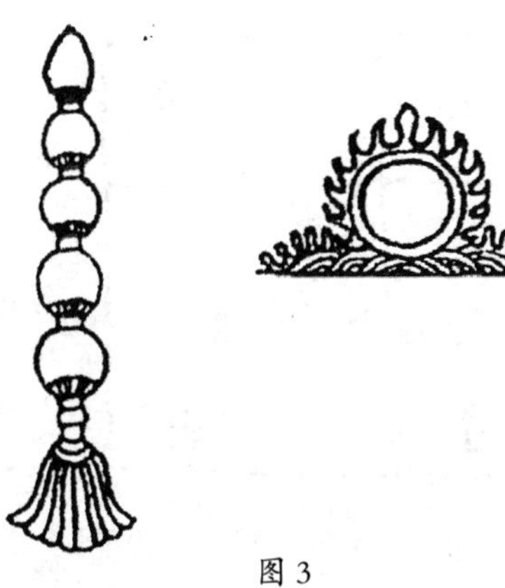

图 3

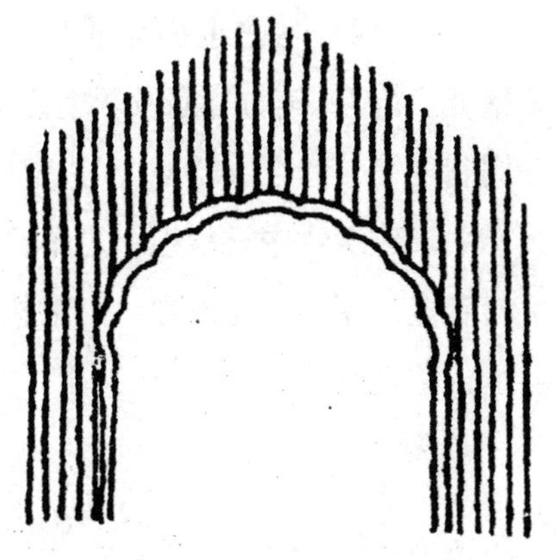

图 4

以上五种，皆由用途上分类，除城市明堂外，每种皆可含有各式之建物，且各有甚悠久之历史。此外廨署则为殿堂之缩影，别墅则为园林之异名。而近今南方公署大堂，犹存有古代士寝之

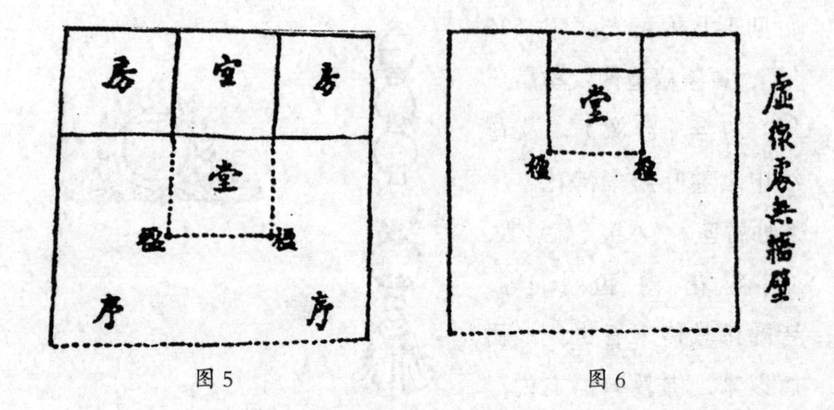

图 5　　图 6

遗式，士寝之中央为堂（图 5），与署中大堂之所谓暖阁者绝似（图 6）。又士寝之前面无壁及门窗等，南方之大堂亦然（前面无壁及门窗等，南方寺庙及居宅之中一间，亦皆如此，不仅公署），此周制之仅存者也。

关于建筑物中材料组织之单位（如栋梁柱等），因革损益，可考者多，藻亦少有论列，但未整理就绪，本书皆未涉及，杀青问世，期之异日。